頂尖業務員的業績突破術

用「季度制」跨越業績撞牆期，從小業務晉升一流超業

伊庭正康／著　王美娟／譯

前言

視野模糊不清，彷彿煙籠霧鎖。
儘管如此，依舊閉著眼睛踩足油門。
因為不踩油門就無法達陣，這股恐懼驅使著自己。
最後，好不容易才如滑壘一般，勉勉強強達成目標。
可是，這樣的生活究竟要持續到什麼時候呢……？

以上這段並不是在形容追逐目標的身影，而是被目標追逐的心情。
回想我的菜鳥時代，當時心中總是充滿「焦慮」。

這本書是為了如以前的我一樣，時常感到焦慮的人所寫的。
其實，只要知道了原理與方法，用不著那麼焦慮也能達成目標。

說到底，問題就在於，我一直是憑「感覺」來掌握事實的。

憑感覺來掌握的話，必定會覺得有如霧裡看花，所以才會感到焦慮。

至於解決的辦法，就是以「數字」明確地掌握事實。

如此一來，眼前便不再模糊不明，能夠看清楚達成目標的路徑。

這本書想要告訴各位的是，學習正確原理的重要性。

以及，用不著焦慮也能確實達成目標的方法。

其實我認為，不該在書中介紹特定公司所採用的Know-How。

這是因為，無論那個Know-How再棒再好，通用性一般都不高，反而會害讀者陷入混亂。

話雖如此，我依然在這本書中介紹了自己體驗過的、瑞可利集團（Recruit Holdings）達成目標的手法，這是有原因的。

因為這個手法通用性極高，無論個人還是團隊都可以馬上運用。

尤其是追逐數字目標的職種，應該更看得到顯著的變化吧。

我確信，那些離開瑞可利後創業成功的人、在新公司身居要職的人、在各個地方做出成果的人，大多都是因為學會了這次要介紹的「達成目標的Know-How」。

由此可見，這是能在任何地方運用的Know-How。

對於目標，我有一個想法。

我確信「目標是我們的好搭檔，能激發我們的績效」。

請務必在閱讀本書的過程中，學習正確的目標達成Know-How。

此外，就算無法全部做到也沒關係，請試著實踐有興趣的部分。

光是這樣，應該就能輕鬆快樂地追逐目標了。

培訓講師　RASISA LAB（股）代表董事　伊庭正康

頂尖業務員的業績突破術　目次

第1章　每期的目標，是否淪為單純的「努力目標」呢？

第2章

目標能否達成，9成取決於「設定方式」

第3章

以正確的「查核」找出最快的致勝方法

第4章 提高「執行力」，排除萬難達成數字目標

第5章 快要失敗時，接下來才是「重頭戲」

第7章 目標達成力也能使人生變得積極正面

圖表製作　小林祐司

第 1 章

每期的目標，
是否淪為單純的
「努力目標」呢？

01

goal achievement

「本期的目標未達成率」事實上高達6成

淪為「希望能夠做到」的努力目標

跟各位介紹一項有趣的數據。

這是Salesforce Research針對在北美、歐洲、亞洲工作的2900多名業務專員與業務主管進行的調查（2018年）。

事實上，57％（約6成）的人表示，今年的銷售額目標有可能無法達成。

話雖如此，原因似乎不是目標訂得太高。

有72％的人表示，銷售額目標是根據資料所訂出的適當且合理數字。

各位又是如何呢？

每期、每年是不是都一定會達成目標呢？

我趁著舉辦培訓的機會詢問過各式各樣的企業，但經常得到「今年可能無法達成目標了……」這樣的回答。

雖然達成率並未低於50％，不過每年停留在90％或95％，「還差一點點就能完全達成」的個人與組織似乎不少。

除此之外，也有企業每年的情況都不一樣，例如有景氣這類助力時就能達成目標並締造佳績，其他時候則未能達成目標等等。

而目標有如元旦立下的「今年的抱負」般，淪為「希望能夠做到」的努力目標，同樣是很常見的情形。

「年景有好有壞」是很稀鬆平常的？

就算訂立了目標，也有可能發生意想不到的情況。相對地，只要一舉成功，就能輕易達成數字目標……。

景氣的確有好有壞，可能因此發生解約之類的意外狀況。但是，如果工作會受到這些事情的影響，那不是很累很麻煩嗎？

有時候，也會因為推出的商品大受歡迎而達成目標。可是並非每年都能這麼好運，這簡直就跟求神保佑差不多。

要是期末將至，卻面臨「今年沒有受歡迎的商品，不知如何是好」的窘境，那就束手無策了。

本書要探討的是，每期、每年「必定」能達成目標的方法。這個Know-How不受景氣影響，也不必依賴「偶然發生的巨大成功」，而且每次都一定能達成目標。

我們的目標並不是「年景有好有壞」，而是**「去年、今年與明年都是豐收好年」**。

每期、每年一定能達成目標的方法是存在的！

不過，我的意思並不是要各位「瞎努力」。

相信有些人為了達成目標，每次都會在期末做最後的衝刺。最後的衝刺確實也很重要，但我認為這只會造成一點點的影響而已。另外，這種工作方式頗為累人，算不上是「可靠的」達成方法吧。

業務銷售就不用說了，對其他的職種而言，「達成目標」這件事同樣會帶來壓力。

目前我透過培訓（領導能力培訓）與教練指導，向有著「數字目標」的主管提供「常勝的祕計」，而我本身也做了有數字目標的業務員及業務主管長達15年左右。

雖然我算不上精明，但不可思議的是，我鮮少達不到目標。很幸運的，我的成績總是名列前茅，並接受過40多次表揚。

而且，我並沒有特別努力。我不加班，幾乎每天都準時下班回家。

之所以能有這樣的成績，**其實只是因為我明白「達成目標的原理與辦法」，並且老老實實地實踐而已。**

02

goal achievement

「瞎努力」算不上策略

少了籌劃權衡就不可能常勝

上一節提到，有調查結果指出，就算人們訂立了適當的目標，仍然有6成未能達成。

為什麼會這樣呢？

答案非常簡單。

這是因為「計畫不夠周延」。

請問你是不是拚命去做「容易做的事」，而且「做完就不管了」呢？

並不是所有的目標，都只要「盲目」地努力就能持續達成。

重要的是，要有能夠確實達成目標的計畫。少了設計圖就沒辦法蓋房子。目標也是一樣，少了設計圖，就不可能常勝。

若是採取錯誤的行動，就永遠無法達成目標

其中一種常見的可悲狀況，就是沒有設計圖，因而在不知不覺間朝著「未能達成」這個方向努力。

這是什麼意思呢？簡單來說，就是指「明明是無法達成目標的計畫，卻按照此計畫認真地付出努力」的狀態。事實上，我的培訓學員當中，有8成的人就是如此。

為了讓大家更容易理解，這裡就以業務銷售為例吧！

假設我們要達成的目標是「在1週之內，獲得1筆新合約」。

你是不是朝著「未能達成」這個方向努力呢？

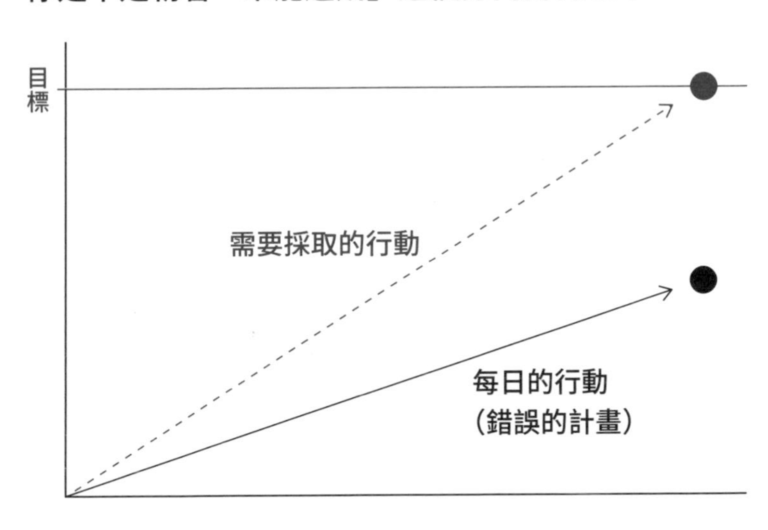

於是，我們在1週之內打了100通電話開發新客戶，付出了相當多的努力。

可是，這樣還是無法達成目標。

仔細計算便會發現：

打第1通電話就進入洽談階段的機率是，每50通就有1家（洽談率2%）。

洽談後成功簽約的機率是，每10家就有1家（簽約率10%）。

所以，需要撥打的電話通數如下：

1筆合約÷簽約率10%÷洽談率

２％＝需要打５００通電話

由此看來，就算在１週之內努力撥打１００通電話，也完全不足以達成目標。

其實，這種問題應該連小學生都會計算才對。

這就是習慣的陷阱。

我們總是忍不住去做「能力所及範圍內」、「容易做」的事。

總之，要先針對想達成的目標，從「達成結果」反推回去，準備好設計圖。接下來的重點，就是如何迅速且正確地推動「ＰＤＣＡ」。我將在這本書中為大家介紹這個方法。

03

goal achievement

目標能否達成，取決於「景氣」、「運氣」或「才能」嗎？

有人說「瑞可利是一家人才輩出的企業」，其實……

持續達成目標的人，有時會得到「因為那個人是特別的」這種評語。

但是，這種說法不過是事後諸葛。並非因為他是特別的人物，才能做出特別的結果。

事實上，是因為結果很特別，大家才往往以為那個人是特別的。

最起碼我敢說，這並不是與生俱來的「才能」的問題。

更與「運氣」的好壞無關。

畢竟我們無法每次都靠一記全壘打取勝，況且沒有比期待偶然的好運更荒謬的行為了。

《哈佛商業評論》（2015年5月號）曾刊登一篇特別報導，標題為「瑞可利被稱為人才輩出企業的原因」。

這篇特別報導提到，瑞可利的員工離職轉行後，紛紛在新領域大放異彩。身為前員工的我也認為確實如此。

以我周遭的人來說，當時共事的同事，大約有7～8成後來成了活躍的經營者，其餘的同事也在新公司發揮影響力，大展身手。

天才只是少數派，員工當中甚至有前尼特族與前飆車族

由於一起工作過，我對他們有所瞭解，至少可以確信的是，他們並沒有「如果能達成最好」、「在能力所及範圍內努力」這類想法，反而是具有強烈的「目標達成企圖心」，認為「一定要達成才行！」。

如今瑞可利的優勢，就是擁有才華洋溢的優秀人才，但以前並不是這樣的。此外，雖說這樣的人極少，不過也有員工曾經是飆車族或尼特族。

可是不知怎的，當他們開始在瑞可利工作後，就完全變了個人，紛紛萌生出「目標達成企圖心」。

在瑞可利，每一位業務員都要以3個月為單位訂出銷售目標，這種目標稱為「經營目標※」。業務員便是朝著這個經營目標邁進的。

當然，就算未達成目標也不會被公司開除，不過達成目標的話則能獲得榮譽，例如接受盛大的內部表揚。在營業所內也是一樣，達成目標時會在辦公桌上方的天花板垂掛寫著「達成」的布簾，或是得到同事們的掌聲（有的部門則是跟所有人握手）。

公司內部有著慶祝達成目標的環境，並且幫助員工養成「必勝習慣」（詳情請看P43），都是讓人產生「目標達成企圖心」的影響因素。

※其他事業則有不同的稱呼。

若要比喻的話，達成目標的人就像是通過預賽的運動員。反之，如果目標未達成，則像是預賽落敗的運動員般，周遭人都會鼓勵當事人「再接再厲」。

灌輸目標達成企圖心與高速PDCA

在這種環境下，員工自然會被灌輸「目標達成企圖心」，但不光是這樣而已。瑞可利還有「經過籌劃權衡的PDCA」，只要具備「絕對要達成」的意志，任何人都能離目標達成更進一步。

我也是如此。我原本以為「只要肯努力，應該就有辦法達成吧……」，打算靠體力努力達成目標，但很快地我就發現「啊！根本不是這麼回事」。

上司不時會隔著辦公桌，接二連三地拋出以下問題：

「可以依序告訴我你的預測（未來訂單的預估）嗎？」

為什麼瑞可利的員工全都能達成目標呢？

時時確認數字是否達成

達成目標就表揚

因為有讓人自然而然負起責任達成目標的「機制」

「必要的單日銷售額你設定多少？」

「到今天早上為止，還有多少工作尚未完成？」

「進展不順利的主要因素是什麼？」

「那麼，你認為該怎麼辦呢？」

我就是在這樣的對話過程中，逐漸學會如何籌劃權衡、推動PDCA。

因此，過了2～3年後，不光是公司的目標，就連自己的人生目標，我也會去思考有什麼東西是不足的、不足多少，以及該做什麼事、要做到什麼時候，於是自然而然就有了「能夠達成目標」的確信。

我深深以為，達成目標的關鍵並非「才能」或「運氣」，而是知道「如何籌劃權衡、推動ＰＤＣＡ」。

當然，我一點也沒打算將這本著作變成歌頌瑞可利的書。

只是我認為，在「籌劃權衡、推動ＰＤＣＡ之機制」這方面，瑞可利有許多值得參考的部分。

04

goal achievement

做得出成果的人不會把目標當成標準工作量

「感到興奮」的原因

你是否曾經想過，可以的話最好沒有目標這種東西呢？

另外，放眼職場，是不是有下屬或後輩也這麼認為？

如果把目標視為「標準工作量」，的確只會讓人感到有壓力。

不過，所謂的目標，原本並不是為了公司而設定的，是用來「實現自己的目的」的工具。

假如當作是「為了自己而努力」，而不是怕被上司「責罵」才要達成目標，壓力就能轉變成動力吧。

這裡就來整理一下標準工作量與目標的差異吧！

先從標準工作量看起。日文的標準工作量（ノルマ）一詞，源自於俄語的Hopma（norma：分配），意思是「半強迫地賦予的標準」。

至於目標，則如同字面的意思，是指「為實現目的所設定的標準（指標）」。

換句話說，兩者的差別在於有無「目的」。

然而，大多數的時候很容易演變成這種情況：目標是上司賦予的，自己只能乖乖照辦。

舉例來說，如果是業務員的上司就會要求：「這次的目標是5000萬日圓，麻煩你了。」

接受過我的培訓或教練指導的商務人士，至今已超過2萬人。我在指導過程中發現，就算目標是上司賦予的，大部分的業績優異者仍會發揮想像力，將目標變換成「**自己的事**」（**自己的目的**）。

目標的意義因看法而異

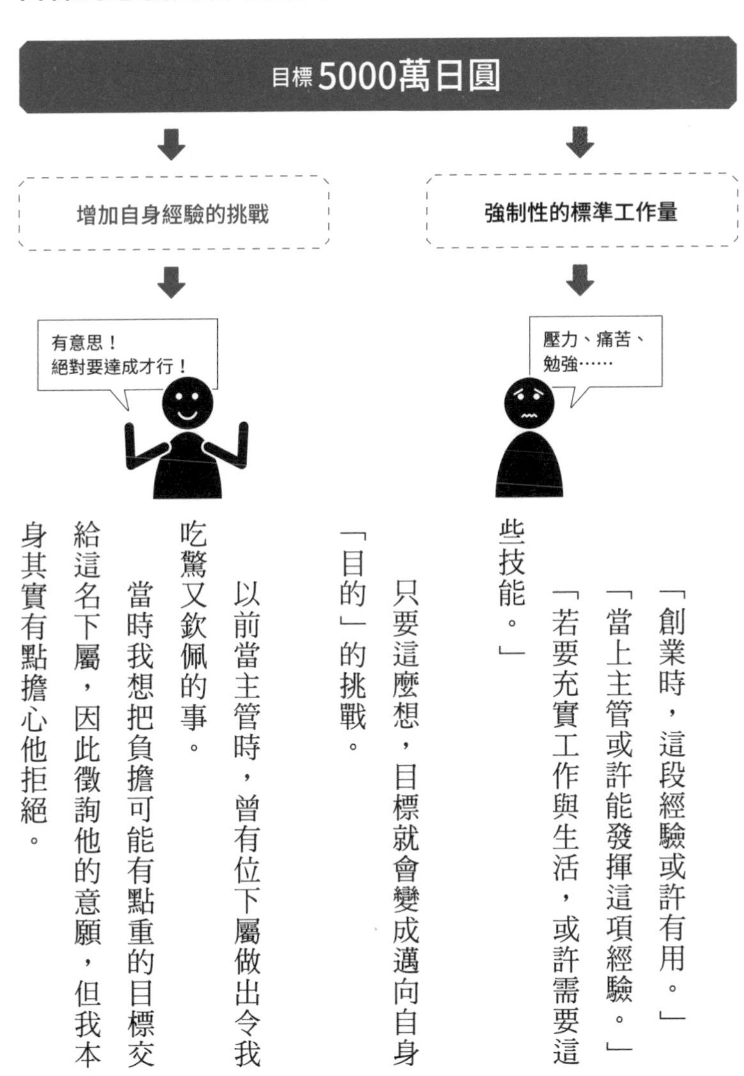

「創業時，這段經驗或許有用。」

「當上主管或許能發揮這項經驗。」

「若要充實工作與生活，或許需要這些技能。」

只要這麼想，目標就會變成邁向自身「目的」的挑戰。

以前當主管時，曾有位下屬做出令我吃驚又欽佩的事。

當時我想把負擔可能有點重的目標交給這名下屬，因此徵詢他的意願，但我本身其實有點擔心他拒絕。

畢竟這件工作難度很高，得跟國內外資大企業的外籍高階主管預約時間洽商。
不過，這名下屬沉默了片刻後，隨即面帶笑容地回答：
「好像很有意思。執行的方法可以讓我來研擬嗎？」
之後，他想出各種方法，再來請我裁奪。

某天我問他：「你覺得這次的目標怎麼樣？」
他回答：「它讓我覺得很興奮。」
原來，這位下屬立志要成為一名經營者。
所以就連這種難度很高的目標，他也能配合自己的「目的」變換調整心態吧。
這名下屬，如今已是大放異彩的外資企業執行長。

變換成「給自己的挑戰」

雖說要籌劃權衡，但商務人士不能把「達成目標」當作目的。

不能把眼前的評價或薪水的調降視為風險。
說到底，重要的是該把什麼當成風險。
對我們而言，最大的風險就是「自己的價值下跌」吧。
事實上，中年以後，有些人的價值就會下跌，有些人卻不會（當然，這裡不是指個人價值，而是商業上的市場價值）。
擁有專業、能發揮領導能力的人，他的價值就會上漲。

這件事跟達成目標有什麼關係呢？
達成的目標越多，越能接到重要的任務。
而且，大部分的任務難度都很高，因此還需要提升技能。
挑戰本身，就是提升自己能力的機會。
請試著轉換想法，不要覺得是「因為公司要求才做」，應該當作是為了實現自己（團隊）的目的。目標是給自己的挑戰。

05

goal achievement

追求業績，其實也對顧客有好處

不推銷也不夠積極的汽車經銷商

之前我跟某家汽車經銷商往來了20年。

但很不好意思的是，後來我決定換一家經銷商。

起因是業務專員換了一個人。

接任的人雖然也很爽朗、很努力，但卻不夠積極。他會給我型錄，可是他不會推銷。

「要是汲汲營營地拚業績會惹人厭。」

我猜他應該是顧忌到這一點。

可是，站在顧客的立場，這樣的服務無法讓人滿意。畢竟又不是郵購，顧客當然希望業務員多問問自己的需求，也希望業務員能提供建議。我對此有些不滿。

我考慮另結新歡，於是去找另一家經銷商。

這家經銷商的業務員很熱情。我猜，他應該有事先上網調查我的資料。他對我的事業內容、公司所在地、職位都一清二楚。

這位業務員推薦我試乘了各式各樣的車，當中還包括了我沒有要求的車種。

我不喜歡「纏人」的業務員，但很歡迎「熱情」的業務員。

既然付的費用都是一樣的，何不選擇熱情的業務員？

這即是「業績的來源」。

業績乃「讚」的總量

不少人剛出社會時，對銷售額目標、利潤目標沒什麼正面的印象。想必也有人會覺得，自己對顧客做了不好的事吧。

其實，以講師身分主持年輕業務員的培訓時，我就深刻感受到這一點。

大約有8成的學員都如此表示：

「對於要請顧客簽約這件事，自己是有抗拒感的。」

換言之，就是不敢說出「那麼，可以請您在這份合約上簽字嗎？」這句話。

當然，他們都有各自的理由。

「不想被對方認為『說到底就是為了錢啊！』。」

「不希望自己在他人眼裡是個汲汲營營的人。」

事實上正好相反，這只是在逃避責任而已。假如真的有心要負責到底，就不會萌生出這種想法了。

改變「業績」的定義

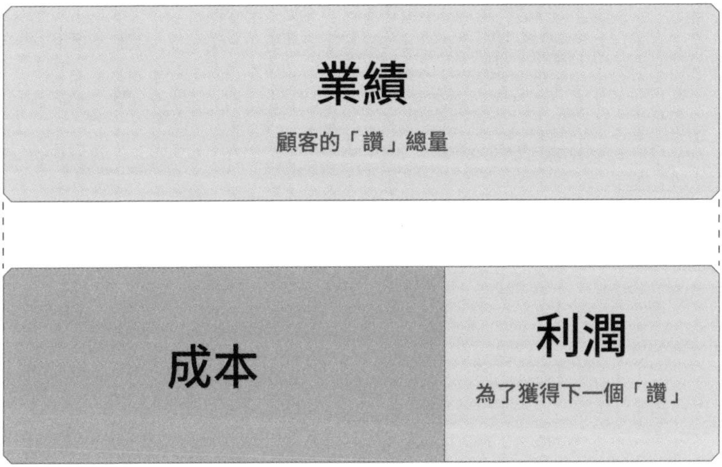

業績 顧客的「讚」總量	
成本	利潤 為了獲得下一個「讚」

希望大家要明白，這股罪惡感只是一種錯誤認知。

無論做什麼事，立下明確的「定義」都是很重要的。

以下介紹幾種我個人推薦的「定義」。

「業績」＝「顧客的信賴」總量
※或是「讚」的總量

「成本」＝「自己獲得的幸福」總量 ※例如薪資、進駐華美的大樓等

「利潤」＝上述兩者「相減後的附加價值」總量

特別值得一提的是「業績」的定義。

這並非詭辯，實際上「業績」不僅來自於回購，介紹當然也是不可或缺的來源吧。

所以，在做生意這方面，我們可以把業績視為顧客給予的「讚」總量。

換句話說，**業績是顧客的「信賴」指標**。

當然，我的意思並不是要大家把業績當成「目的」。

「為了持續滿足顧客的期待，自己也要注重業績」，這不僅是責任，也是相當重要的觀點。

請各位一定要注重顧客給予的「讚」（業績）。

06

goal achievement

持續「達成小目標」，培養必勝習慣

「相信自己辦得到」的自我效能

一定要達成目標的「必勝習慣」，究竟該怎麼培養才好呢？

假如你經常覺得「反正沒辦法做到」、「好像很困難」、「沒有執行的意義」，抱持防守的態度，而且有時還得不到成果的話，「達成目標」這件事或許會是最好的靈丹妙藥。

因為目前已知，「達成經驗」其實具有培養必勝習慣的效果。

挪威運動科學大學（Norwegian School of Sport Sciences）的教授，同時也

是前足球選手的蓋爾・尤爾德（Geir Jordet）提出了一項有關「PK成功率」的有趣研究。

這項研究指出，球隊的戰績會影響「PK的成功率」。

在一段期間內，假如球隊之前的PK戰輸了2場以上，那麼本次選手的PK成功率為57％。反觀贏了2場以上的球隊，選手的成功率則提高至89％。

由此可知「勝利經驗可培養必勝習慣」。

我再從另一個角度來解說吧！

這種現象也可以用「自我效能（Self-efficacy）高漲的效果」來解釋。

自我效能是加拿大心理學家亞伯特・班度拉（Albert Bandura）提倡的概念，指的是「無論面臨何種困難或障礙，都相信自己辦得到」的心理。

就是因為抱持著「自己沒問題」、「最後一定會成功」的想法，人才會想要果敢地進行挑戰。

此外，值得注意的是「什麼東西會影響自我效能？」。

班度拉指出，在數種因素當中，「展開行動、達成目標的經驗」最能提高自我效能。

這還沒完。

其實，這種達成目標的效果，還暗示了另一件很重要的事。

達成經驗確實能提高自我效能，而未達成經驗則會降低自我效能。

由此可見，堅持達成目標有多麼重要。

瑞可利每年都有數十次達成目標的機會

前面提到，《哈佛商業評論》曾在報導中指出，不少人離開瑞可利後就去創業了。不過，想必有些人會認為，明明有家人要照顧，卻還捨棄穩定的收入跑去創業，這是很不理智的舉動。事實上，如果沒有相當大的自信，一般人根本不敢創業，就算創業也很難成功。

那麼，為什麼他們會認為「自己辦得到」呢？

這並非與生俱來的自信，而是環境因素使然。

其中一個因素就是前面介紹過的、學會「籌劃權衡、推動PDCA」的效果，另一個因素則是他們有許多獲得「達成經驗」的機會。

以我之前從事的人力資源事業為例：

- 1週的達成目標機會（換算下來1年有50次）
- 1個月的達成目標機會（1年有12次）
- 1季的達成目標機會（1年有4次）
- 1期的達成目標機會（1年有1次）

換算下來，1年居然有67次的機會。

不消說，目標會越來越高，因此我們有67次的機會能夠挑戰刷新自己的最佳紀錄。

假如通過了7成的挑戰，1年便可累積大約50次的達成經驗。

身為過來人的我確信，「自己要做也是辦得到」的自信，跟這些成功經驗是脫不了關係的。

言歸正傳。能夠達成目標的次數，各個公司與職場都不一樣。

因此，如果目前的職場沒有這樣的機會，就只能自己創造機會了。

建議各位不妨「細分」自己訂出的目標。

只要持續達成目標，就能培養出「必勝習慣」。

這無疑是比投資理財更棒的、一輩子受用的財產吧。

07

goal achievement

只要進入前5%，就會颳起強勁的順風

成功的良性循環開始轉動

只要一再地達成目標，便能感受到超乎自身實力的「順風」。

有人稱這陣「順風」為福氣，也有人稱之為好運。

其實，這陣「順風」並非超自然作用，我們可用「成功的循環模式」來說明，這是麻省理工學院的丹尼爾・金（Daniel Kim）教授提倡的理論。請看左圖。

首先是「結果的品質」。假設我們連續達成了目標。

這樣一來，信賴度便會上升，公司內部「關係的品質」也會好轉，於是我們就能獲得機會。

成功循環模式

只要持續達成目標，
良性循環便會開始轉動，
於是就能輕鬆做出成果

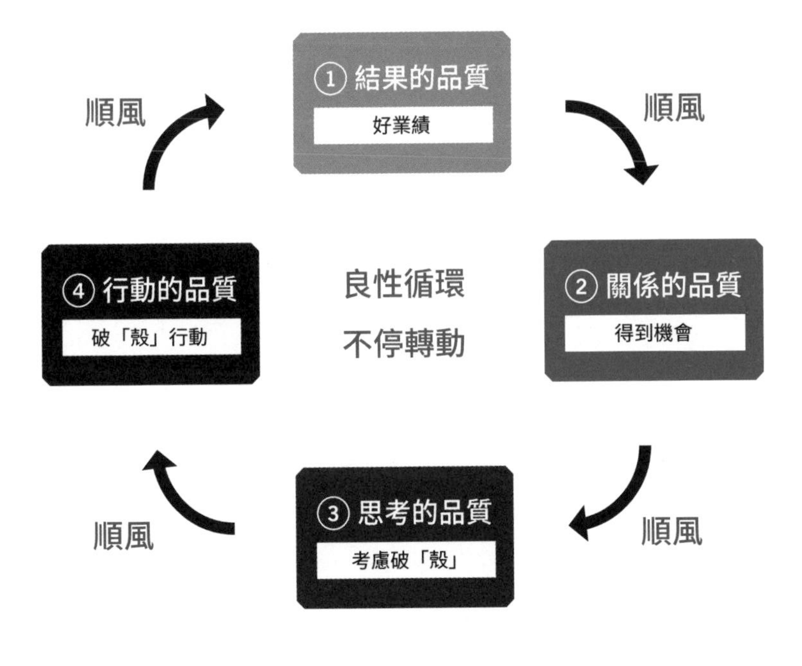

麻省理工學院　丹尼爾・金教授提倡的「組織的成功循環模式」

接著是「思考的品質」。因為得到了這個機會，我們開始覺得不能維持現狀。再來是「行動的品質」。我們採取不同以往的行動，如練習、學習、洽商等。於是，我們再度達成目標，「結果的品質」更上一層樓。接下來，「關係的品質」又會提高……就像這樣，良性循環開始轉個不停。這就是所謂的「順風」。

只要進入前20%，工作起來就會更加輕鬆順利

首要目標是成為前20%的人。

因為一進入前20%，便會突然感受到順風。反之，如果沒有進入前20%，感受到順風的機會可能就不多了。

無論是多數外資企業採用的人才管理（Talent Management），還是日本企業的人事考核，都是以「前20%」為目標並寄予特別的期待。

跟各位說個祕密，在某些公司裡只要能進入前20%，不光是公司安排的培訓課程，有時就連升遷的機會都跟其他人不同。

當然，結果不代表一切，但要評量肉眼看不見的潛力是很困難的。因此商業上的評價，有時不得不根據結果來判斷好壞。

反過來說，做出成果的確是招來順風的捷徑。

話說回來，現在有越來越多人覺得「比起工作，寧可選擇自由」，各位是否同意這個想法呢？

其實正好相反。在理論上，「為了得到自由而做出成果」才是正確的說法。

一旦乘上順風，便能得到超出努力的成果，因此就算休息、就算不加班也能夠達成目標。達成目標，是成本效益最高的努力。

只要在100人當中擠進前5名，就能擁有強大的發言權

如果進入前5%，颳起的順風就會更加強勁。

這種時候，只要你說「要用新方法做出成果」，組織便會採取這個新方法。無

論是你使用的「工具」，還是你正在運用的「辦法」，只要你提出來，組織就會認真考慮是否採用。

換言之，**前5%的人所感受到的強勁順風，即是「公司以你的做法為基準」**。

於是，工作起來就會越來越輕鬆順利。

我也有過這種經驗。某天閒聊時，我跟分公司的總經理說：「減少加班，才是提升業績的關鍵。如果用我的方法就能辦到。」後來，公司不只採用了我的方法，而且還有組織地推動減少加班的專案。

另外，我說業務員必須閱讀專業書籍好好學習才行，結果公司就開始定期購買業界的專業雜誌了。

發言的影響力變大以後，工作一樣會變得輕鬆又順利。

總之，先以成為前20%的人為目標。達成之後建議再以進入前5%為下一個目標，例如在20人當中排名第1，在100人當中擠進前5名。

第 2 章

目標能否達成，9成取決於「設定方式」

08

goal achievement

「上級交付的目標」無法讓人認真面對

「把自己當成經營者去思考」

請問你的公司，是不是只會自顧自地訂立目標，再交付給員工呢？另外，員工接到的是不是「如果沒達到這個標準就會挨罵」的目標？

如果是「被賦予的目標」，就無法讓人那麼認真地去達成。

美國心理學家愛德華・德西（Edward L. Deci）與理查・萊恩（Richard M. Ryan），也用「自我決定論」證明了這一點。

他們表示，「自我決定性（由自己決定的程度）的高低會影響績效」。

也就是說，將目標視為「由自己決定的東西」，是提升「幹勁」的重大關鍵。

我深深覺得，以前任職的瑞可利是一家很高明、令人欽佩的公司。

當時的瑞可利在訂立個人目標時，是採取自行提報的方式。瑞可利將個人目標稱為「經營目標」，要求每個人把自己當成經營者去思考。

舉例來說，如果是業務員就會訂出「業績要達到1000萬日圓」之類的目標，如果是商品負責人則會訂出「商品要賣到10億日圓」之類的目標。

可是，難道不會有人為了回避未達成的風險，而把目標訂得低一點嗎？

瑞可利早就考量到這個問題了。遇到這種情況時，上司會跟當事人討論來做調整。

如果是業務銷售部門就更有意思了，這種時候會找「全體成員」一起討論，讓成員們自己去調整。

「以1000萬日圓為目標的話，跟去年相比成長率只有3％，這樣沒關係嗎？」

經常會有同事像這樣點出問題。這種討論超乎想像地麻煩，有時也會覺得不如交給公司決定來得省事。

不過，有趣的是，這段過程能進一步提升贊同感。

雖然最後仍需要調整，但「自行決定」這道程序非常重要。

據說目前「每4家就有1家」公司採取自行提報目標的方式。

請問你的公司是否也採用這種做法呢？

若採「自行提報」，目標也會訂得比較高

如果不是，不妨先在你任職的單位試試自行提報目標的做法吧！相信你的幹勁一定會立刻大幅提升。

而且神奇的是，如果採取自行提報的方式，就算目標數字設定得比較高也不會有「被迫感」。我還在瑞可利任職時，大家的目標基本上都是訂為「成長5～20％」。

假如是公司要求「比去年成長10％」，員工一定會瞬間產生抗拒感，覺得「怎麼可能辦到！」、「太困難了」，但若是由員工們自己決定，便會在討論過程中興起「進攻」的態度，認為「跟去年一樣就等於退步了，所以還是要提升10％」。

如同前述，我們應該把目標變成「自己的事」。各位不妨試著將公司的目標當成一個必經階段，把高目標變換成「自己的目標」吧！

例如：「要讓顧客更加滿意，回購率達到9成」、「既然要拚，就要拚出全公司前幾名的成績」、「要開發出業界銷售第一的商品」、「要培養將來創業的能力」……等等，任何目標都可以。

我24歲時，為了把「急速成長」這個公司目標變成自己的事，於是把它轉換成「在人資服務事業領域成為日本第一的業務員」這個自己的目標。

27歲時，我又把目標轉換成「在40歲前成為業務銷售顧問，開創培訓事業」。

「想像是一種自由」。沒有人會對你說什麼，但是你能因此燃起鬥志。

如此一想，公司的目標就只是一個必經階段罷了。

建議大家一定要試著將高目標轉換成自己的志向。

09

goal achievement

以「3個月／1季」為單位設定目標

若以1年或1個月為單位，目標容易流於形式

接下來，為大家具體解說設定目標並且確實執行的方法。

若要靠著「籌劃權衡」達成目標，重點在於：

「以3個月為單位設定目標。」

3個月即是將1年分成4等分後得出的月數。這稱為「季度制」，許多公司都採取這種做法。在我的前東家瑞可利，無論是目標還是人事考核，全是採季度制。

請問你的職場，是以幾個月為單位來設定目標的呢？

有的職種只會設定年度目標。以業務銷售為例，應該也有不少公司是把年度目標的數字除以12，再分配給各個月分，以此作為單月目標。

假如只有年度目標，期限就太長了。

這段期間執行者有可能會偷懶、混水摸魚。

舉例來說，如果中途發現「很難達成」，或是知道自己「游刃有餘」，執行者就有可能偷懶怠惰。此外，熱情也很難維持這麼長的時間。

不過，**假如只有單月目標，期限又太短了。**

這樣一來執行者會變得「短視」，推動PDCA時只關心進度，僅僅檢查「有沒有完成」，容易只顧著追求眼前的結果。

因此，多數公司才會採用以3個月為單位的季度制。

哈羅德・季寧（Harold Sydney Geneen）也在其名著《季寧談管理》（長河

出版社出版）中如此表示：

「如果不能在第1季達成目標，年度目標當然也沒辦法達成。」

換句話說，若想達成年度目標，就要將它細分為每一季的當前目標。

Google與Mercari都是以3個月為單位訂立目標的知名企業，除此之外，還有許多公司也會設定季度目標。

當然，你的公司有可能不是採取這種做法。

若是如此，我就更建議你以3個月為單位訂立「內部目標」了。

希望你自己，或是你的團隊能夠運用季度目標。

能夠保持專注，也能夠「挽救」的最佳期限

以下就為大家整理，以3個月為單位設定目標能夠得到的好處。

① 提高對目標的「責任感與執行力」

如果採用年度目標，中途難免會鬆懈怠惰，不易持續保持專注力。

假如只有單月目標，感覺又像是一再進行「小考」，就算未能達成目標，執行者也不會感到沮喪吧。往往就會不以為意地覺得「下次再加油就好」。

這樣一來，特地設定的目標就淪為「努力目標」了。

反觀季度目標，就算同時還要處理每日的業務，想維持專注力也不困難。

② 3個月是推動PDCA循環的最佳週期

如果是年度目標，想驗收結果就得等到1年以後。

假如是單月目標，則只會檢驗進展情況，不會充分檢視其他的因素。

此外，也很難以中長期觀點擬訂並執行對策。

反觀季度目標，則能夠推動週期較短的ＰＤＣＡ。

目標的最佳期限為？

以1年為單位的目標

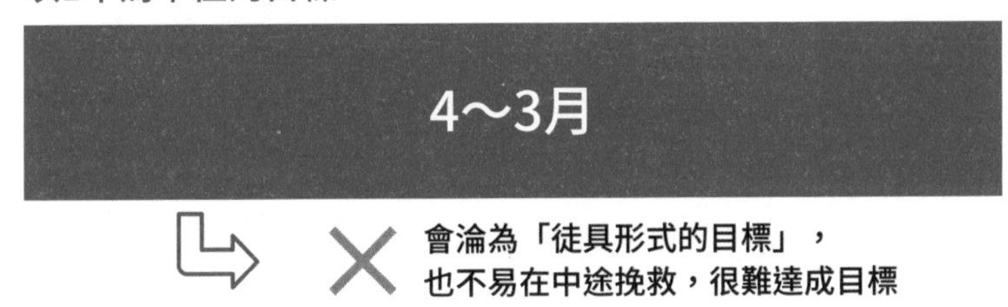

以1個月為單位的目標

以3個月為單位的目標

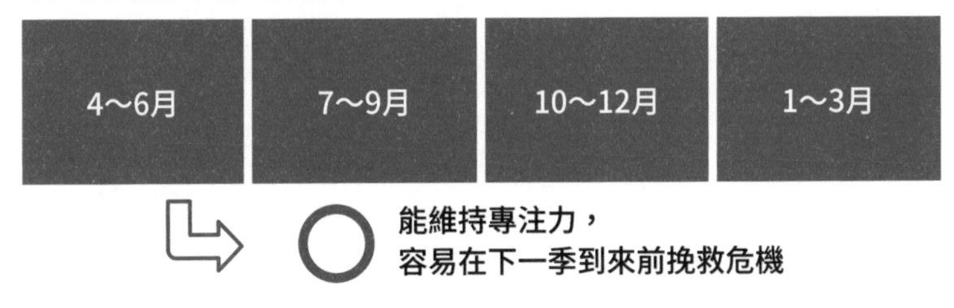

假如公司的目標是以1年或1個月為單位，就自己設定季度目標吧！

③ 增加挽救的機會

如果是年度目標，要是中途發現「很難達成」，執行者便會陷入「希望截止日快點到來」的心境，度過好幾個月的「放棄期」。

假如是單月目標，由於能做的事很有限，本來就很難在1個月內挽救危機吧。總之，要讓自己無論處於何種狀況都能夠設法「挽救」，這是執行者不可缺少的態度。

不設長達1年的期限

在瑞可利任職時，我也是採用季度制，以3個月為單位訂立目標。當我還是執行者時，就不以「1年」這個長期觀點來看待工作。

以日本5月的情況為例，如果從年度目標的角度來看，這時本年度才剛開始而已。但若是採季度制，由於5月介於4月與6月之間，假如這時尚未達到目標數字，當然沒辦法悠哉悠哉地磨蹭，必須快點追趕上去才行。

而且，就算6月好不容易達成了目標，接下來的7月是新一季的開始，又得追逐新的目標才行。

於是，只要每一季做到「無論如何都要達成目標」，以一整年來看就等於是「達成了年度目標」。

感覺上就像是沒設下1年的期限，只是把4個季度（3個月）加在一起而已。

假如公司內部並無訂立季度目標，請你自己或是你的團隊先試著以3個月為單位設定內部目標。

能幹的商務人士都會自行設置段落，將目標變成能把自己提升至最高境界的遊戲。

這麼做不只能提高對目標的責任感與執行力，還能擬訂與執行中長期的計畫，工作也會變得更加有趣吧。

10

goal achievement

目標要在3個月內了結，不留到下一期

根據去年的趨勢設定每月的數字

假使我們已經決定以3個月為單位設定目標，那麼數字該怎麼設定才好呢？如果年度目標是1億日圓，是不是只要單純分成4等分，每一季都訂為2500萬日圓就好了？想要適當地分配目標，其實出乎意料地困難。

一般的做法是「以去年的趨勢（動向）為基準」。

即便是同一年，每個月的數字應該也會有起有落。例如每年4月都會接到許多訂單，到了8月訂單卻大減等等。

基本上，目標要根據去年的數字來設定

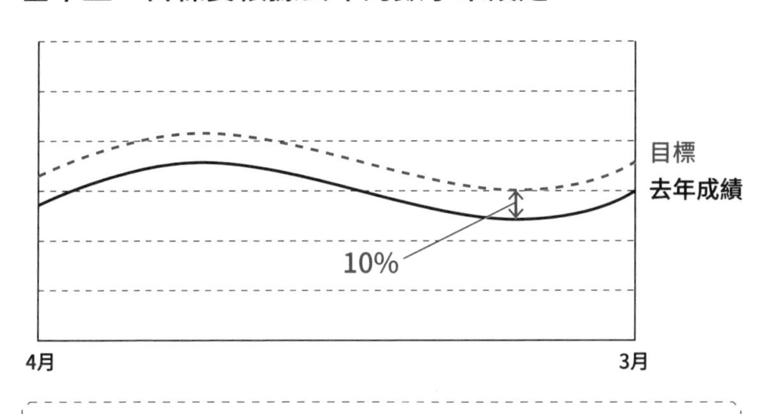

對照各個月分的趨勢，以成長10%為標準來設定目標

我們就根據這樣的趨勢，為每個月、每一季分配目標。

當然，這種方法並非完美無缺，不過訂出來的目標大致上還算合理。

另外，「比去年成長10％」也是目標數字的設定標準。如同前述，在瑞可利，即便是成熟的事業，目標數字一樣會訂為成長5～20％。

不過，這種時候不只要跟去年相比，也要跟上一季相比。假使公司的目標訂為「比去年成長5％」，如果你認為近期能夠成長30％，那就以後者的目標為優先。

瑞可利是一家「沒有『不成長』這個選項」的公司，**這個做法是基於「只要成績總是高於上一期，事業就能夠不斷成長」的想法。**

不消說，這麼做「達成數字」會越變越大，儘管很辛苦，但相對的每個人都能成長得相當迅速。

不過，這是瑞可利的特殊做法。如果要以季度目標作為內部目標，我認為還是跟去年相比會比較好。

不要打算「在第2期挽救第1期未達成的部分」

總之重點就是，目標要在各期（季）了結，不要留到下一期。

不要打算在第2期（7～9月）挽救第1期（4～6月）未達成的部分。

第1期的目標要在第1期內達成，無論如何都要想辦法達到目標數字。如果5月的時候發現「再這樣下去有可能無法達成目標」，那就趕緊採取對策。

相反的，**即使第1期的成績高於目標，也不要「存下來」拿去補貼下一期。**第

2期要追逐第2期的目標。

或許有人會認為「這是理想論」。不過，帶著這種觀念工作的話，能夠逐漸養成「無論如何都要達成目標」的態度與「目標達成企圖心」。

「增加初速」的目標分配法

設定目標時，基本上要對照去年的趨勢分配各個月分的目標數字，然後再分成4季。接下來，我想跟各位介紹增加「初速」的祕訣。

這個方法就是「在一開始的時候，把目標降低一點」。

如果一開始就輕鬆達成目標，你便可以撥出時間為下一期做準備，這樣一來，下次的目標就很容易達成了。

假如一開始就把目標訂得很高，反倒會因為未達成目標而挫了銳氣。

刻意將第一次（4月）的目標數字降低

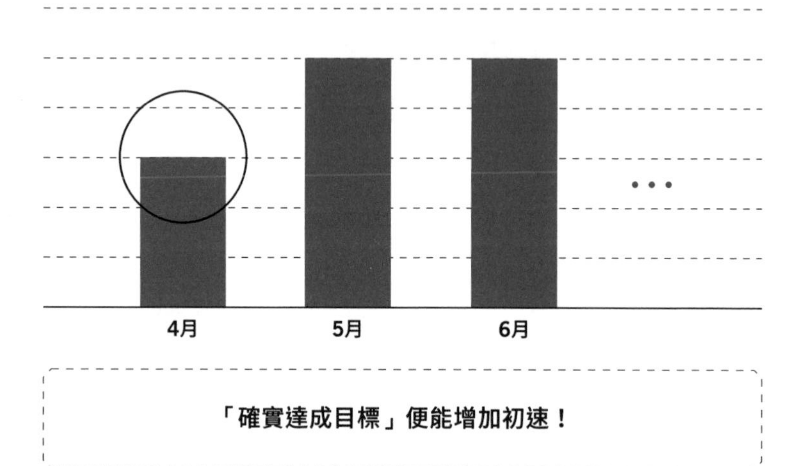

「確實達成目標」便能增加初速！

也就是陷入「出師不利」的狀態。說不定就會讓你決定「別再繼續投資了」，機會也會因此溜走。

舉例來說，把4月的目標訂為1000萬日圓，把5月的目標訂為1200萬日圓，把6月的目標訂為1200萬日圓等等，只稍微降低第一次（4月）的目標。

也就是把第一次的目標設定成「確實能夠達成」的目標。

這麼做可以提振士氣，讓你能夠更加確實地達成目標。

11

goal achievement

從不足的數字「反推回去」，採取補救對策

拋開「不斷累積努力」這種加法思維

除了設定目標之外，我們還有一件該做的事。

那就是在期初的一開始，先設計好達成目標的拼圖（腳本）。

請各位拋開「只要拚了命地努力就能達成目標」的想法。

這種一味累積努力的「加法思維」，反而會使業績不穩定。

花了1年的時間「每天」拜訪某家公司，最後總經理終於願意簽約；持續寫信給來店的顧客，最後對方終於再度上門光顧……這樣的劇情很令人感動。當然，努

力很重要。但是，這種做法並不能穩定地達成目標。

如果想要穩定地達成目標，就要徹底運用「反推思維」去思考該做什麼才好，這是鐵則。

舉例來說，假設1季的目標是1000萬日圓。

自己能夠達成多少、不足多少、要用「什麼」（哪一塊拼圖）來填補不足的數字……行動前要考慮這些問題。

請看左圖。這張圖顯示了不足300萬日圓的狀態。

關於不足的部分，則想出了3種對策（拼圖）。

對策①：提高單價，填補180萬日圓（加值服務介紹）

對策②：回應既有顧客的其他需求，填補60萬日圓

對策③：開拓新顧客，填補60萬日圓

在期初的一開始設計達成目標的腳本

（萬日圓）

	現狀	相同需求 提高單價	其他需求 提案	開發新客戶
下限值		700	880	940
增加金額	700	180	60	60

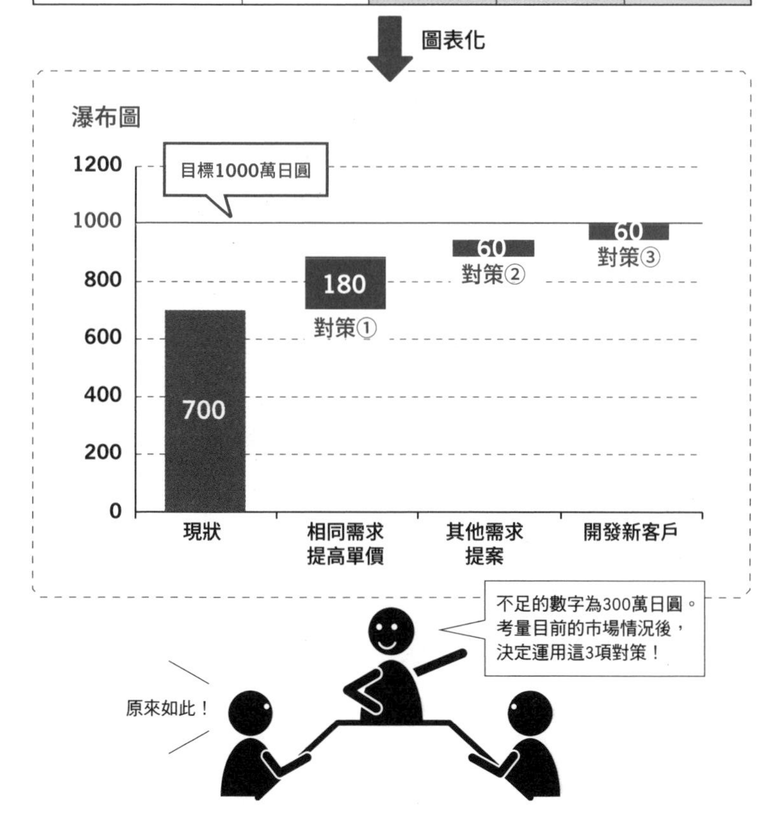

這張圖就是用來說明達成腳本的瀑布圖。

接著，請將腳本整理至「能在30秒內說明完畢」的程度。

之所以將說明時間限制在30秒內，是為了剔除模糊不明的部分。

先說明要用「什麼」（哪一塊拼圖）填補看不見的差額，以及「如何實踐」，再補充說明「為什麼選擇這項對策」、「要執行到什麼時候」。

只要整理到能在30秒內說完的程度，就能對「該做什麼事才能達成目標」這個問題有明確的概念。

也要事先想好回避風險的腳本以防萬一

除此之外，風險管理也是必不可少的。總是達成目標的人，都會事先想好腳本以防萬一。

①詳細列出設想得到的風險

第一步，先將設想得到的風險全部列出來。

舉例來說，假設你判斷有「對景氣的信心可能會惡化」這個風險。

接著，自行評估這個風險的「發生機率」與「影響的輕重」。

如果你覺得有必要，可以事先擬訂「預防對策」，以及發生這種情況時的「善後辦法」。

②鎖定該因應的風險，擬訂「預防對策」與「善後辦法」

在這裡，要擬訂即使景氣惡化也有辦法因應的預防對策。例如，「可以預料到客戶可能會減少預算，因此趁現在先去拜訪經營者，而不只是與承辦人接洽」，這就是其中一種標準的做法。

除此之外，也要事先準備採取了預防對策後依然陷入困境時的因應辦法。

例如「增加服務項目」就是其中一種對策，對吧？

總而言之，我們也要事先為最糟的情況準備好因應的腳本。

請看左圖。

這是我擔任培訓講師時所用的「風險管理表」。

建議大家一開始可以先試著用這張表格進行自我訓練。

相信你寫了以後就會注意到，幾名員工因罹患流感而請假、景氣惡化、對手公司發動降價攻勢、人手不足等風險。

「樂觀地構想，悲觀地計畫，樂觀地執行。」

這句話出自當代罕見的著名經營者稻盛和夫。

構想與行動都要樂觀。不過，擬訂計畫時也要防止「萬一」。

這是保持好成績所必須具備的基本觀念。

詳細列出會導致目標未達成的風險，並準備「對策」

找出風險	評估風險（發生機率＋影響程度）			事先擬訂預防對策與善後辦法	
會導致目標未達成的可能風險	評估會導致目標未達成的風險			預防（降低風險的方法）	善後對策（發生時）
	發生機率	影響程度	合計		
「ABC物產」的大案子有可能不會續約	2	2	4	為雙方總經理安排餐會	再次提出專為ABC物產準備的特別企劃
「OPQ企劃」的案子有可能不會續約	1	2	3	規劃並提出「早期續約」計畫	從現在起開發可替代的案子
「XYZ商事」的案子有可能不會續約	0	2	2	規劃並提出「早期續約」計畫	從現在起開發可替代的案子
整體景氣有可能惡化（市場縮小）	1	1	2	業務員主動創造需求	跑業務的對象從承辦人換成經營者
同業「B」公司有可能發動大幅度的折扣攻勢	0	1	1	事先宣傳自家公司與「B」公司的差異	如果被B公司追過，就由主管親自跑業務挽救
有可能變得忙碌，時間被文書作業占去	2	1	3	幫文書作業組增加人手（調派、招募）	委託人力派遣
有可能因為技能不足，提案能力趕不上別人	2	2	4	每週舉辦2次學習會進行訓練	與上司或前輩同行
有可能因為太忙而精神衰弱	0	1	1	事先訂出每個人的最大業務量	立刻讓當事人休息（事先安排代理人）
有可能因為太忙而忽略了服務態度	1	1	2	在每日的朝會上提醒	實施服務態度培訓

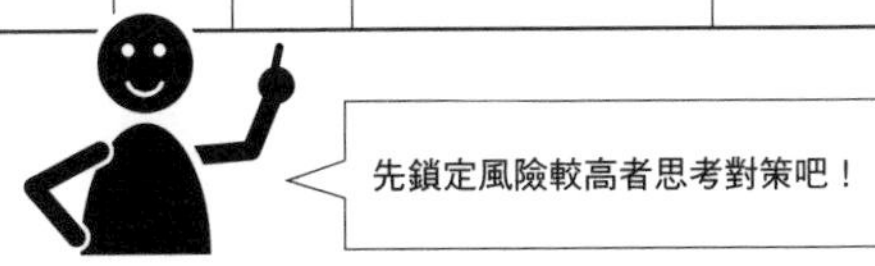

12

goal achievement

為單日目標設定「具體的數字」

如果不知道「今天要做什麼」，人就不會行動

前面我們訂立了季度目標與策略，不過還沒完，接下來我們要把季度目標細分成單日（或是單週）目標。

容我先問個問題，你會選擇哪一個選項呢？

《第1題》

A　1年後拿到1萬1000日圓

B　現在拿到1萬日圓

接著是第2個問題，對你而言，何者較為輕鬆呢？

《第2題》

A　為了達成「1年後瘦下3公斤」這個目標，忍著不吃最愛的點心

B　已經訂出「今天不吃零食」這個目標，所以忍著不吃最愛的點心

這2個問題，絕大多數的人都會回答B。

此現象在行為科學上稱為「雙曲折現」（Hyperbolic Discounting），因為人通常會高估眼前的價值（以此為優先），低估未來的價值。

比起「未來」的事，人更會認真面對「現在」的事，請各位記住這點。

對目標的責任感與執行力也是如此。因此只訂立未來的目標是不夠的。

若要提高對目標的責任感與執行力，就需要設定「當前」的目標。

就算大目標是「1個月賣出1臺」，也要訂立「1天洽談5家客戶」之類的小目標

接著為大家解說，該怎麼將季度目標分解成單日目標。

設定方法非常簡單。以業務銷售為例，銷售額就是一個簡單易懂的數字。

首先假設季度目標為1000萬日圓，而營業工作天則是60天。

1000萬日圓除以60天，大約等於17萬日圓。這就是1天的目標。

不過，有些時候我們很難以1天或1週為單位來設定目標。

舉例來說，如果是1個月賣1臺大型機械的情況，該怎麼設定小目標才好呢？

這種時候，就把可在1天或1週內檢驗的程序（行動）設為目標。

今日的「不足」要在近日內補回來

	一	二	三	四	五	一	二	三	四	五	合計
目標	5	5	5	5	5	5	5	5	5	5	50
成績	5	3	6	6	3	7	3	3	7	7	50
借貸	0	-2	1	1	-2	2	-2	-2	2	2	0

（件）

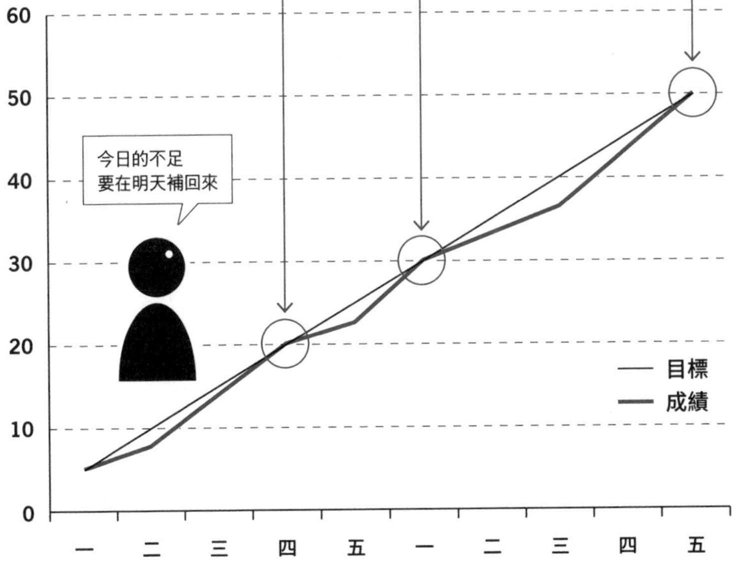

今日的不足
要在明天補回來

目標
成績

也就是設定所謂的KPI。

KPI是關鍵績效指標（Key Performance Indicator）的簡稱，簡單來說，就是把達成業績目標的過程中特別重要的程序設為指標。

以1個月賣出1臺大型機械的情況為例，假如1天需要洽談「5家」客戶，就把單日目標訂為「1天洽談5家客戶」。

重要的是，要以具體的數字來設定目標。否則，你每天只會漫無目的地瞎努力。

「短缺」（負債）要趁早還清

若要確實達成目標，就不要累積「短缺」。

短缺是指低於達成指標的狀態。

假設指標為「1天17萬日圓」，而我們只達成了13萬日圓。

不足的4萬日圓即是短缺。如果出現短缺，就必須早點「還清」才行。

因此，我們把明天與後天的目標，全都上調至19萬日圓，讓結算結果符合原訂目標。

時時運用這種方式，避免結果與達成指標差距過大，這是很重要的（參考P81）。

13

goal achievement

即便是乍看無法用數字評量的工作，也要換算成數字

寫稿員設定的「早期交稿率40%」

雖說「要以具體的數字來設定目標」，但某些工作本來就沒有數字目標，例如財會或營業事務這類內勤職種。

不過，就算是這類工作，一樣可以用數字來設定目標。

舉例來說，財會或許會把「準時收到應收帳款」訂為大目標。這時就能以1週為單位，將「聯絡入帳時間晚了1天以上的對象，提醒他們付款」這件事設為指標，然後以達到100％為目標。

內勤工作也要設定具體的目標

事務類的目標可用以下觀點來訂立

■ 杜絕失誤　■ 效率化　■ 固定化　■ 實施率　■ 效果改善

例

財會

- 製作每月結算速報所花的時間，從3個營業日縮短為2個營業日
- 為了進行業務標準化而製作手冊（100%完成提交）
- 經營文件的不完整率，從○%改善至○%

財會

- 將○萬日圓的外包業務轉回內部處理
- 處理某項業務的時間減少○%
- 公司內部活動的參加率達到○%
- 全面落實會議無紙化

營業事務

- 自己的加班時間比去年減少20%
- 讓業務員徹底放下正在做的○○業務
- 製作業務銷售手冊，讓學習會的舉辦次數可以減少「一半」

企劃部門

- 有益知識（成功案例）的分享量提高○個百分點
- 透過新產品的促銷活動，開發100家潛在客戶
- 在本期開發並提交可客觀掌握市場特性的工具（下一期再運用）

只要得知「目標是否達成」，便能進行更細密的工作，讓人越做越起勁。

以下就來介紹某位寫稿員的例子吧！

寫稿員的工作，就是撰寫要刊登在網站上的文章，校對完再提交出去，每週要提交30篇左右。

這份工作當然沒有業績目標，也就是所謂的內勤人員。

30篇是不少的數量，只要進度慢了一點，截稿日前就不得不加班。除此之外，趕在截稿日前交稿的話，稿件也有可能檢查得不夠充分。

為了打破這種充滿壓力的狀況，這位寫稿員決定訂立「目標」。

她設定的目標是「早期交稿率」。

早期交稿率是指，「所有稿件當中，於早期（截稿日3天以前）交稿的稿件比率」。目的是要緩和截稿日前的工作量高峰。

她將早期交稿率設定為40％。

就像這樣，儘管是內勤的事務，她仍設定了可用數字測定的目標。
她向上司提出這個目標，結果上司大為贊同。
其實，這個故事的背後還有一段插曲。
這位寫稿員與上司討論後決定，假如結果遠高於這個目標，一定會將此成績反映在人事考核上。

向上司交涉，使成果能夠反映在評價上

起初進行得不怎麼順利，但因為設定了數字目標，讓她能夠檢驗「還差什麼就能達成」。
不過遺憾的是，第1季她並未達成目標。
因此，評核結果便是「未達成」。
上司不得不向她宣告未達成之事實，評核成績也低於平均值。

畢竟是自己訂立的目標，這樣的結果令當事人大受打擊，跟上司面談時她甚至難過到放聲大哭。

不過，接下來的發展就不一樣了。因為她明白目標就是這樣的東西。到了下一季她居然成功了，而且成果遠遠地超越了目標。

這是她積極去跟相關人士交涉，才能得到的結果。

此外，她的人事考核得到了「以超高水準達成目標」這樣的評語。

這是內勤工作鮮少會出現的評價。

她在回覆這項考核結果時如此表示：

「從前我以為不管做什麼事，內勤都只能『以普通水準達成目標』。現在我終於明白，達成目標原來是這種感覺呀！」

由於嚐到了成就感，之後她便勢如破竹，成績突飛猛進。

就算是內勤工作，也一定要設定能夠測量的目標。

可以的話，請嘗試跟上司一起訂立「數字目標」。

此外，也建議各位跟上司商量，如果達成目標，要將成績反映在評價上。

這並不是為求名利的交涉，各位不妨將它當作「獲得成就感」、「鞭策自己」的辦法。

當然，我們不是為了考核而工作的，就算上司不同意，也建議大家自行將工作換算成數字看看。

這麼做能夠幫助你提起幹勁。

14

goal achievement

總是以「提前10%」為標準設定達成日

擁有無論發生什麼事都能挽救的緩衝

決定好目標後，最後就要設定具體的期限，排進日程表裡。

我總是建議大家「要提前執行工作」。

也就是說，即便1季有60個工作天，也不要用整整60天來達成目標，應該安排日程表，只用50天左右來達成。

如同前述，反推思維對於達成目標是很重要的。

此外，風險管理能幫助你連續達成目標。

各位要不要檢查一下自己的反推思維程度呢？

請容我問個問題。

【題目】假如你有一個目標，請問預定達成日是什麼時候呢？

（不是公司設定的截止日，而是你自訂的預定達成日）

突然這麼問，各位或許會很訝異。

畢竟大部分的人都覺得，只要能在公司訂下的截止日之前達成就好。

不過「反推思維」卻是這麼認為：

畢竟不曉得會發生什麼事，最好要「預留時間以防萬一」。

以生產管理用語來說，這種「為防備突發狀況而預留的時間」稱為「緩衝」（Buffer）。

想要連續達成目標，同樣不可缺少緩衝。

以下就為大家介紹具體的設定方法吧！

季度目標要以2個半月為期限來擬訂計畫

第一步請先訂出預定達成日。這是為了預留保險時間。

設定預定達成日時，要把時間訂得比公司的截止日早10％～20％。（❶）

如果是1季（3個月）的目標，預定達成日請訂在截止日的1～2週前。

決定好預定達成日後，請用目標差額除以「剩餘的營業天數」。

這樣一來，就可以算出「每一天需要達到的單日銷售額目標」。（❷）

我將上述內容整理成左頁的圖，各位不妨參考一下。

看得出來，只要按照計畫進行，就能締造很高的成績，即使進度比計畫慢一點依然能夠達成目標。但是，這樣的自主目標很容易流於形式。

若要避免此種情形發生，重點就是要每天（針對單日銷售額）推動PDCA。

利用預留緩衝的計畫一口氣提升達成率！

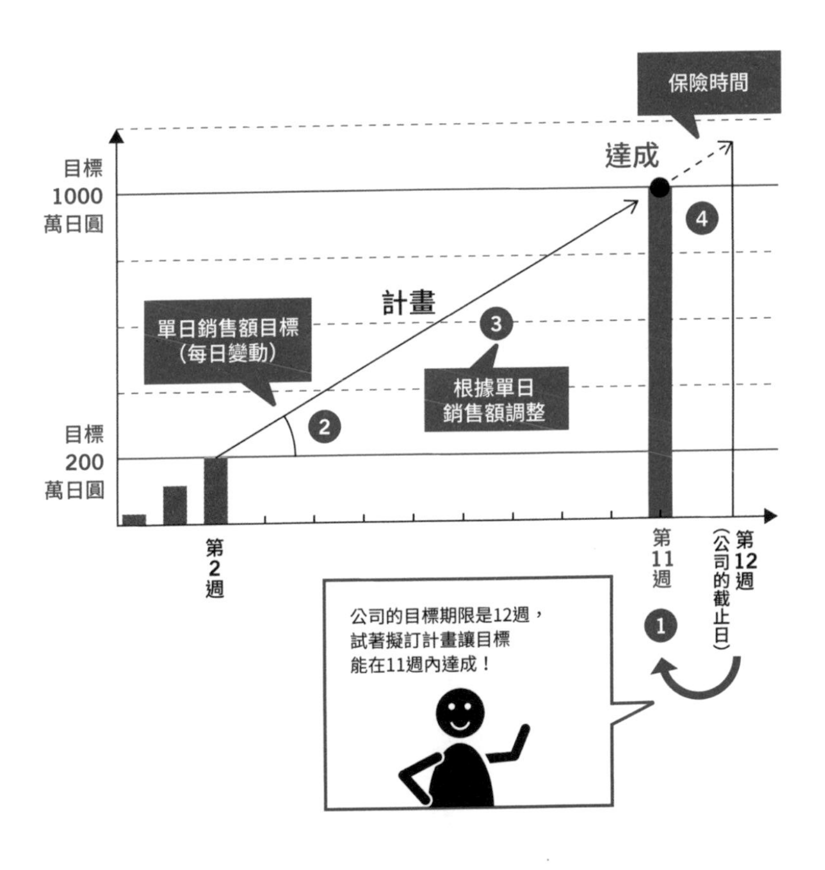

我先補充一下，假如沒達到當天的單日銷售額，第二天的單日銷售額目標便會提高。

因為單日銷售額目標是用目標差額除以剩餘天數，目標數字每天都會變動。

要是進度一再落後就會造成致命傷，所以擬訂好明天的作戰計畫、做好準備後就趕緊回家休息。

這種做法能夠發揮自動調整的作用（❸），可以預防我們嚴重偏離計畫。

另外，**假使進度落後了，由於這是有預留緩衝的計畫，我們能在最後1週內挽救回來。**緩衝正是保險時間（❹）。

這裡需要注意的是，單日銷售額超過原訂目標的情況。

我建議這種時候，不要降低期初訂下的單日銷售額目標。

因為這是取得好成績的機會。

這樣一來，就能使業績維持在很高的水準。

第 3 章

以正確的「查核」找出最快的致勝方法

15
goal achievement

淪為「徒具形式的目標」之最大原因

每天、每週都必須「查核」

某項調查指出，有大約8成的人都曾訂立「應付一時」的目標（「關於目標管理實況與從業員心聲的意識調查」HRBrain股份有限公司調查，2018年）。

換句話說，就是為了應付別人訂出的提交日，設定徒具形式的目標。

調查結果發現，**每3個人當中只有1個人平常就會留意目標。**

而且，有大約2成的人甚至不記得自己的目標。

這樣的目標只不過是讓自己暫時得以安心。

我有辦法能夠避免目標淪為一時的應付。那就是別設定完目標就置之不理，也不要做完就不管，要找機會「查核」。

具體而言，是實踐以下2件事：

- 平常就要安排機會，每週確認1次（最好是每天）進展狀況
- 然後，檢查哪些事已完成、哪些事未完成，並且釐清接下來的課題

安排機會進行查核，我們才會警覺到「糟糕！下週要採取什麼對策？」，激發出對下個目標的責任感與執行力，這點應該不難想像吧。

回想以前，我負責的部門也是一定都會當面確認狀況，像業務員是每2～3天確認1次（不是透過面談，而是開會報告），內勤人員則是1個月至少進行1次面談。

如果是個人目標，則要天天查核每日的進展。

現在想想，當時我們不曾發生目標流於形式的情況，應該就是這個緣故吧。

事實上，對目標有著強烈責任感與強大執行力的公司，必定會採取這些行動。

在前述的調查中，還看得到這樣的數據。

關於「無法時時留意目標的原因」（複選題），前2名的回答分別是：

第1名「因為很少有機會查核目標」（46・6％）

第2名「因為只是為了應付面談才設定敷衍的目標」（42・9％）

請各位一定要把定期進行「查核」，視為絕對要遵守的鐵則。

16

goal achievement

高速推動PDCA的「C＝查核」

你是不是「做完就不管了」呢？

觀察了許多組織後，我深深地這麼認為：「沒有安排『查核的機會』，只是一味地追逐目標的情況居然如此常見。」

以前我負責的組織也是一樣⋯⋯。

坦白說，以前我在瑞可利創立新事業時，身為上司的董事曾提醒過我：

「你是不是事情做完就不管了呢？」

因為這個組織的行動速度很快，但是卻不積極查核。而上司想表達的意思是，雖然我們會檢查事情是否完成，但是這樣還不夠，為了創造「致勝方法」，我們應該高速推動「假說～實驗～驗證」這個循環。

前波士頓顧問公司日本地區負責人內田和成，曾在著作《假說思考法》（經濟新潮社出版）中介紹，維持好業績的日本7-Eleven也是推動著這個循環。

「從消費者角度來看，（中略）都與其他便利超商沒什麼兩樣（中略）。儘管如此，日本7-Eleven還能創造如此龐大的利潤，其原因究竟為何？那就是反覆進行『假說→實驗→驗證』的循環過程。（中略）日常業務就在『假說→實驗→驗證』的過程中進行。」

推動「假說～實驗～驗證」這個小循環，正是找出能持續做出成果的「高明做法」，亦即「致勝方法」的最佳辦法。

PDCA的「C」最重要

C的目的是找出「成功的關鍵」

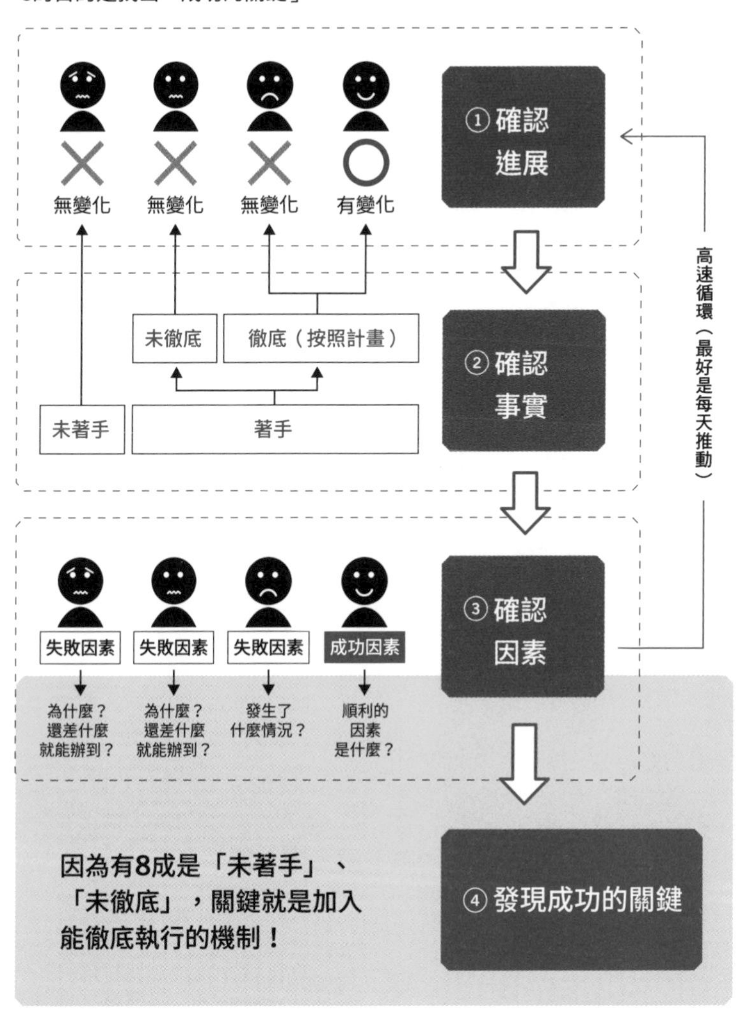

正確的驗證重點

只檢查「是否完成」、「是否執行」是不夠的。

「正確的驗證」必須符合以下條件才行。

・確認「進展」（例：進展率80％，是否跟計畫中一樣）
・確認「事實」（發生了什麼情況）
・確認「因素」（順利的因素、不順利的因素）
・設定「課題」（只要解決什麼問題，就能更快實現目標）

舉例來說，假設我們舉辦了培訓或學習會。

不過，舉辦這類活動卻經常收不到成效。

這個時候，別急著下「培訓或學習會沒效果，應改用其他方法」的判斷。

重要的是，必須先進行驗證。實際驗證之後，我們發現了一件事。

舉辦培訓或學習會卻收不到成效，大多不是課程的問題，而是因為8～9成的聽講者都沒有認真實踐。

因此，舉辦培訓或學習會時的「致勝方法」，通常是「請上司參與及介入」。

我將上述內容整理成P101的圖，請各位參考一下。

如何？經過這樣的整理後便能看出，雖然都是「沒有變化（╳）」，但確認過事實後，會發現各個狀況不盡相同。當然，因應對策也不一樣。

只要循著正確的驗證步驟，就能以最快的速度找出「致勝方法」。

17

goal achievement

瑞可利祕傳「預測管理」的威力

以預估金額為依據的業績管理手法

一直以來我都認為，應該要避免介紹特定公司的Know-How。因為特定公司的Know-How或經驗談，大部分都缺乏通用性。但是我確信，瑞可利這套運用「預測表」的預測管理是特別的。目前各個事業部的做法應該都不盡相同，這裡介紹的只是我實踐過的方法，可能有些部門不會做到這個程度。不過，做法基本上是一樣的。

首先來說明，什麼是預測管理。

這裡的預測是指預估金額，而預測管理就是以預估金額為依據的業績管理手法。這是瑞可利集團很早以前就採用的管理機制，能幫助員工更加確實地達成目標。

不消說，大部分的公司也都有進行預估管理吧？

可是，為什麼瑞可利的預測管理特別厲害呢？

原因有三：

① 可以依照「準確度」掌握預估金額（能以樂觀、穩當、悲觀之觀點掌握必達銷售額）

② 由於可知道悲觀值是多少，即使現在沒有問題，也能預測未來，為最壞的情況做好準備，趁早擬訂對策（能讓每個人成為防禦性悲觀主義者的機制）

③ 團隊每天都要舉行作戰會議，因此能夠團結一心、努力達成目標

假如叫我別運用「預測管理」、直接去跑業務，對我而言這可是一件恐怖無比

的事。因為就跟賭博沒兩樣，只能走一步算一步。

預測表的基本結構

「預測表」是預測管理的依據，這種表格也可以用Excel製作。

預測表並沒有固定的格式，各事業、各部、各課、各團隊所用的表格都不盡相同。

這裡就拿我以前使用的預測表作為範例為大家介紹吧！

請不要生搬硬套直接運用，應該思考一下「換作是自己的行業，這張表格可以如何調整？」，以及「是否應該加入某某要素？」。

需要注意的是以下幾點。

請看一下P109的圖。表格裡塞滿了各種要素。

①剩餘營業天數與必要的單日銷售額都寫得很清楚

②預測依準確度分成「A～C」與「挑戰」4個等級

③自行提報的目標共有「樂觀、穩當、悲觀」3種

④全體成員每天集合起來，大家一起確認狀況、討論對策

預測依據準確度，分成「A～C」與「挑戰」4個等級。

- A級預測　90％以上（幾乎確定）
- B級預測　70％以上（大概沒問題）
- C級預測　30％以上（還不確定）
- 挑戰（準確度比上述更低）

每個人根據以上的觀點進行預估。

當然，如果各自的預測有不小的差距就需要調整，總之，大前提就是預測的準

確度要一致。

這個部分只要調整幾次就會一致了。

亦可作為增進團隊合作的工具

如果是由團隊來執行工作，基本上每天都要觀察預測，大家一起互相確認能夠做到什麼程度。

組長：「統計大家提報的預測數字後，發現還差40萬日圓。你們認為該怎麼辦呢？我可以先聽聽每個人的意見嗎？」

成員①：「這個嘛，我去確認一下A公司其他事業部的狀況。我認為有商機，請給挑戰加上20萬日圓。」

組長：「不錯耶！其他人覺得呢？」

成員②：「雖然不是我負責的領域，不過我看報紙說物流業將會變得很忙碌。我們

「預測表」範例

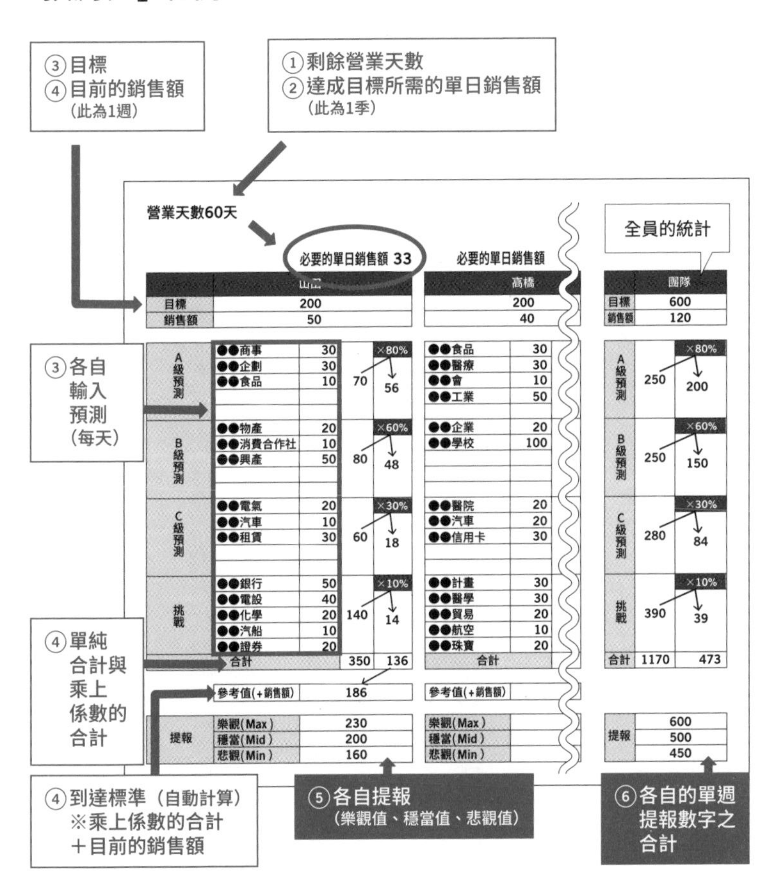

這是「單週的預測表」，可以用Excel製作。如此一來，數據也會自動反映在單月、1季（3個月）的預測表上

不如試著接觸物流業的客戶吧？」

成員③：「目前我負責3家物流公司。因為有3家客戶，挑戰的預測可以再加30萬日圓。」

組長：「OK，很好！那麼，今天一樣聯絡客戶，努力達成目標並把不足的補回來吧！」

大家就像這樣集思廣益，設法填補不足的預測數字。

如果只拿預測管理來管理數字，未免太大材小用了。

預測管理除了可以管理數字之外，它的本質更在於全體成員的互助合作。

如今是個無人能夠只為數字拚死拚活的時代。「預測管理」亦是一種不分菜鳥與老鳥，能幫助團隊裡所有成員培養「自主性」的管理方法。

18

goal achievement

連續10年達成目標、超高績效者的「致勝方法」

在3天內填補120人份的目標差額

以前有位前輩讓我覺得，就算自己竭盡全力也贏不了他。

我們跑的業務，1筆合約通常是數萬日圓或數十萬日圓，但這名前輩是個狠角色，他敢跟上司商量這種問題：

「昨天跟客戶談得很盡興，應該能拿下30億日圓的合約，請問我可以讓對方簽約嗎？」

這位厲害過頭的前輩，曾在1季的最後1週對上司這麼說：

「事業部目前的目標差額是多少？預估能追上多少？如果有需要的話請告訴我

一聲。現階段不管差多少，我都有辦法挽救回來。」

但是，當時「不足的數字」實在太大了。

這個金額，相當於120名業務員1週的目標總和。

不過，事業部仍然委託這位前輩救援。

前輩奔走了3天左右，最後竟然真的創造出相當於120人份的銷售額。

「超」高績效者都有共通點。只要觀察他們的預測表就能一目了然。

以下就帶大家看看，高績效者的證明——「連續1年達成目標的條件（1季×4次）」，以及「超」高績效者的「連續10年達成目標的條件（1季×40次）」中的共通點吧！

手上總是有數件大案子

連續達成目標的關鍵，其實非常簡單，而且兩者都是一樣的。

那就是「反推思維」與「提案總量」。請各位看一下P115的解說。

用一句話來總結就是：

【連續1年達成目標的人】

未來的A級、B級、C級預測與挑戰的總額，通常是目標差額的3倍，而且預估對象時常變動。

【連續10年達成目標的人】

除前述之外，手上總是有數件大案子。

換句話說，如果只有近期的預測，預估金額又少，而且預估對象不變的話，業績一定不會穩定。

除了上述幾點以外，還有一個內行人才知道的「連續10年達成目標」的訣竅。那就是，他們一定會經手大案子。

因為他們總是將「接收資訊的天線」伸得又高又廣，洞察機先、早一步展開行動。

「因為之後有可能修法，為了開發新服務，事先跟客戶合作進行實驗。」

「在報紙上看到灣岸地區要開發商業設施的報導，於是向房地產開發商提出特別企劃。」

他們的共通點就是，一定會把這種大型提案當作1季的主題，列入預測表裡。

業績優異者的「預測表」特徵

反推思維

■ A～C級預測與挑戰的總額，
通常是季度目標差額的3倍以上

■ 已經確定 **未來的合約**
（搶先跟客戶洽商）

提案總量

■ 觀察預測表會發現，
預估對象的更換速度很快
（很快就有結論＋提案總量很多）

■ 安排了 **數件大型的企劃案**
（對未來的投資）

此為連續10年
達成目標者的共通點

業績不穩定者的「預測表」特徵

■ 幾乎沒有未來的合約（短視近利）
■ 跟季度目標差額相比，預估金額很少（加法思維）
■ 預估對象的更換速度很慢
（得不到結論，或是行動緩慢、遲遲無法結案）
■ 未安排大型的企劃案（欠缺未來的計畫）

為什麼他們做得到這種事呢？

這是因為，他們吸收的資訊量與其他人有著天壤之別。

他們平常都會閱讀《日經新聞》、《日經ＭＪ》、負責領域的專業雜誌，此外，也習慣向客戶幹部探聽業界或公司的課題。

我在主持Ｂ２Ｂ業務員培訓或主管培訓時，都會建議聽講者閱讀２份報紙與專業雜誌，並且跟客戶幹部見面，目的就是希望大家養成這個習慣。

相信各位已經明白，我為什麼會說「只要觀察預測表就能得知共通條件」了吧？

若想確實地連續達成目標，建議大家一定要檢視預測的狀況。

第 4 章

提高「執行力」，排除萬難達成數字目標

19

goal achievement

提高「就做到這裡」的徹底程度

「能力所及範圍內」還不夠徹底

請問各位在開會時，是否經常聽到「我會徹底執行」這句話呢？

每個人、每個職場的「認真執行」都有相當大的差距。

事實上，不少人都把「徹底」一詞，當作「在能力所及範圍內努力」這個意思使用。

但是，這樣並不算是徹底。

因為「徹底＝使用各種手段，一定要達到規定的狀態」。

以下為大家介紹一個感覺得到徹底程度差距的實例。
某家公司有個問題，就是年輕員工都不看報紙。
於是，眾人決定「每天都要看報紙」。
各位猜猜3週之後，結果怎麼樣了呢？
有7成的人表示「現在都會乖乖看報紙了」，然而仔細詢問後卻發現，「『每天一定都會』看報紙的人」其實只占整體的1成。
因為每個人的執行徹底程度不同，才會發生這種情況。
「在能力所及範圍內努力看報紙」這種程度，實在算不上是徹底。
這種些微的「隱性差距」，將會逐漸變成「龐大的差距」。

從便利商店看徹底力的差距

7-Eleven的徹底力很值得我們參考。

提高「徹底」的程度

達到規定的狀態

- 就算要借助他人的力量也一定要完成
- 就算要改變做法也一定要完成

在能力所及範圍內全力以赴

- 盡自己最大的力量去做
- 就算要花許多時間也會賣力去做

努力

- 注意、留心

在眾多便利商店當中，7-Eleven的單店單日銷售額遙遙領先各家競爭對手。

7-Eleven為65・3萬日圓，羅森（Lawson）為53・6萬日圓，全家為52・0萬日圓（2017年），7-Eleven的銷售額比其他的便利商店高出2成以上。

據說這個差距就是「徹底力」所造成的。

《日經Business》（2014年6月）曾刊載以下這則廠商承辦人的評論：

「跟其他的便利商店相比（7-Eleven的）執行徹底程度截然不同。假如決定要推廣某個商品，95％的門市都會進貨。跟其他的連鎖超商相比，總是高出10個百分點以上。」

我也採訪過三大便利商店，7-Eleven各項運作的徹底程度的確高居第一。印象中，加盟主與區顧問的對話也是繞著各項運作打轉。

提高徹底程度，能使平凡事變成非凡事，而這將會成為競爭優勢。

請大家把「徹底」當作是無論如何都要達成「應有的狀態」，「就算自己辦不到，也要借助他人的力量」，或者「不惜使用有別於以往的嶄新手法」。

20
goal achievement

創造任何人都能做出成果的「致勝模式」

仿效業績優異者的「程序」

本節就來介紹，如何創造能夠做出成果的「致勝模式」吧！

這個方法就是把業績優異者所使用的手法，改良成「任何人都辦得到的手法」。

在我當諮詢顧問所用的方法中，這是最簡單的手法。相信任何職場、任何職種一定都能應用。

創造「致勝模式」的步驟如下。

【創造任何人都能做出成果的「致勝模式」】

STEP① 分析Good／Poor（釐清業績優異者的程序與其他人之間的差異）

STEP② 決定要提供的價值（超出對方的期待）

STEP③ 改良成簡單的程序（任何人都能夠實踐的致勝模式）

分析Good／Poor

【STEP① 分析Good／Poor】

若要釐清業績優異者與其他人的行動及想法，就得先查明「程序的內容」，以及「各個程序中的『小程序』」。

調查方法以「訪談」及「角色扮演」為主。

以業務員為例，分析結果就像這樣：

業績優異者在洽商前會先建立「假說」，其他人則不先建立「假說」就直接去洽商（漏掉的程序）。

另外，即便整體程序都一樣，當中的「小程序」也有可能不同。

業績優異者在進行顧客訪談時，會「問出對方的隱性問題，並且設定課題」，其他人則大多只會「傾聽要求並且予以回應」。

得到的結果之所以不同，問題不在於能力的差距，而是「程序的差異」。

【STEP② 決定要提供的價值】

接著決定要從顧客那裡獲得什麼樣的「讚」。換言之，就是想出超乎顧客期待的方法。

舉例來說，「引進商品後，還舉辦學習會教導使用方式」就是其中一種方法。

【STEP③ 改良成簡單的程序】

最後是建立任何人都能「超乎顧客期待」、簡單不複雜的程序。

主要重點在於參考業績優異者的成功因素，然後把程序改良得更簡單一點。

總之，先決定每個程序的「時間」、「誰做」（對誰）、「做什麼」與「如何

仿效業績優異者的程序

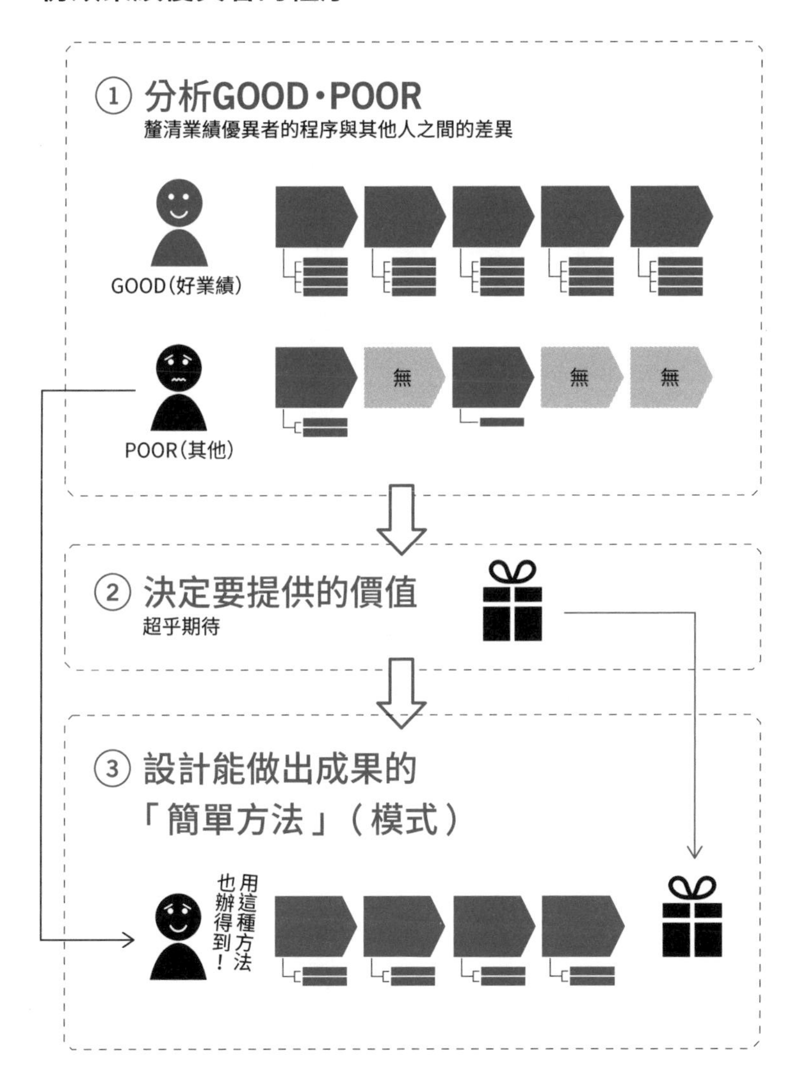

① 分析GOOD・POOR
釐清業績優異者的程序與其他人之間的差異
GOOD(好業績)
無
無
無
POOR(其他)
② 決定要提供的價值
超乎期待
③ 設計能做出成果的
「簡單方法」(模式)
用這種方法也辦得到!

做」（運用何種話術、工具）。

假如看完上述的手法後，你認為自己也「能夠創造致勝模式」，請一定要去訪問業績優異者或進行角色扮演，試著自行建立致勝模式。如果你覺得有點困難，也可以只訪問你覺得很厲害的人士，或是進行角色扮演。

這麼做不僅能幫助我們了解業績優異者與自己或是其他人的差異，同時也是一種學習（仿效）。

21

goal achievement

不要分散力量

不做「不影響成果」的事

對成果沒有直接影響的行動，最好是盡量「不要做」。

請看P129的圖。

只要以「成果」×「風險」這個觀點來判斷，問題就簡單多了。

舉例來說，我在當業務主管時就取消了朝會。

我們的朝會主要是為了進行業務聯繫，但這種事也能透過電子郵件傳達，因此開了幾次朝會後，我便判斷「不會帶來成果」，就算取消也「沒有風險」。

取消朝會後，多出來的時間就用於「跟新客戶洽商」。

想當然，每個月開發的新客戶數量因此增加了。

除了朝會之外，我還決定取消（減少）不影響成果的資料製作與會議。目的是為了將所有心力集中在「做出成果」這項行動上。

請各位參考這個基準，試著挑出「不做」與「不花功夫去做」的行動。

以下跟各位介紹一段令我難以忘懷的經驗。

當我還是一名菜鳥業務時，某天我的客戶——連鎖居酒屋的總經理考我一個問題。

「我們公司在梅田開了1家分店，在西梅田開了2家分店，你知道我們的分店為什麼要集中開在同一個地區嗎？」這幾家分店都位在徒步3分鐘可到達的範圍內。

看到我一臉困惑，總經理便說：「答案就在『蘭徹斯特策略』當中。」

蘭徹斯特策略是著名的競爭策略之一，不過當時的我並不曉得這項策略。

於是，我馬上就去買書調查。

避免力量分散的取捨基準

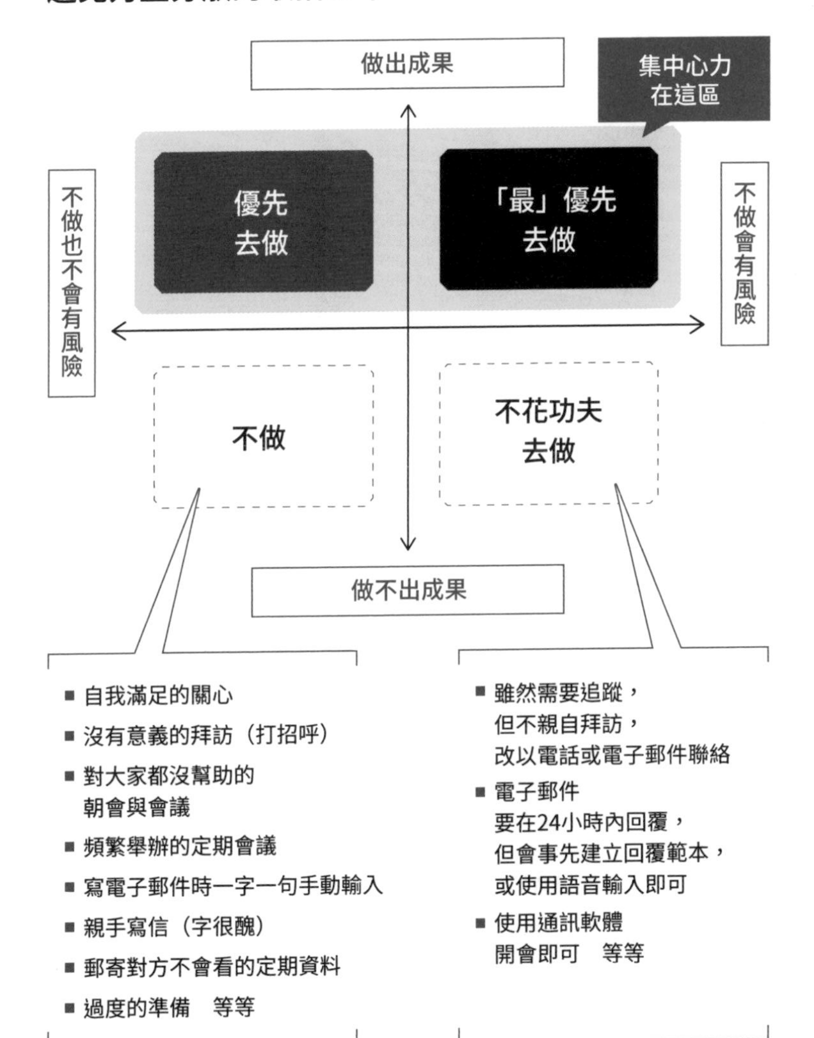

蘭徹斯特策略當中有一條「集中原則」。這正是前述問題的答案。

即便資本不夠雄厚，只要把力量投注在「局部」（集中於一點），一樣能提高勝率。

換句話說，就算是小公司，只要將力量集中於局部，就不會輸給大企業。

將力量投注於「贏得了的局部」

這個觀念也是我的行動準則。

如果將1個人換算成資本，這個資本非常小，可以說是最小的單位。

實際上，1個人能做的事很有限。就算動手的速度快上2倍，結果也不會有多大的變化。因為理論上，這樣算起來只有2倍而已。

但是，如果鎖定在可期待2倍勝率、2倍單價、2倍介紹率的「局部」，以2倍的速度動手的話，算起來就是「2×2×2×2＝16倍」了。

當然，這只是紙上計算罷了。不過，集中於局部就是這個意思。

無論是我個人做事時，還是擔任組織領導者時，我都堅持採取這種做法。

也就是選擇贏得了的局部，把心力集中在那一點上。

請各位試著鎖定「贏得了的局部」，把力量集中在那一點看看。

因為，只有在資本雄厚的時候，才有辦法什麼事都做。

要在局部取勝，最佳辦法就是發揮「專長」，創造「致勝方法」。

如此一來，業績要翻上10倍也並非不可能的事。

22

goal achievement

時時瞄準「最佳時機」

中午沒咖啡可賣的推車販售服務

無論做什麼事，若是錯過時機，就無法做出超出預期的成果。

舉例來說，我就曾在新幹線的車廂裡，看到推車販售員錯過了時機。

當時是下午1點。幾名乘客吃完午餐後想買杯咖啡，結果推車販售員卻說：

「不好意思，咖啡已經沒了……」

為什麼會這樣呢？

因為販售員並未考量到「機會只有現在！」，只是把準備好的推車推出來而

如果錯失了時機……

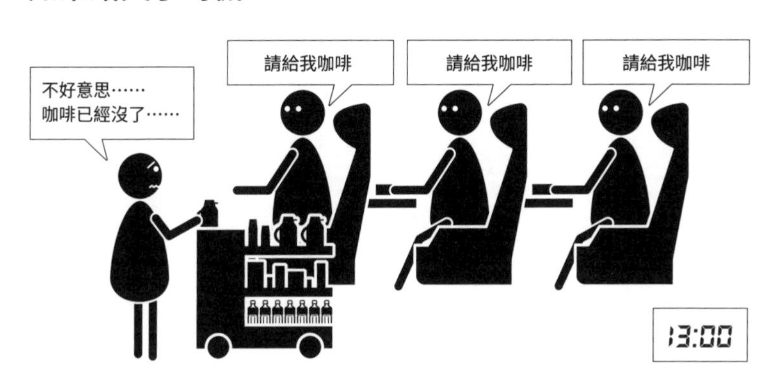

錯失了能夠增加業績的難得機會！

已。要是他有考量到「機會只有現在！」的話，或許就會在推車上多準備1、2壺咖啡了。

想在短時間內做出成果，就要注意「最佳時機」。

請先試著了解對方的狀況，然後訂立最佳時機的假說。

假如是B2B業務，「9～10點」與「17～18點」這2個時段，承辦人在座位上的機率會比較高吧。

如果要向上司申請預算，選在預算決定期的前幾天比較好吧。

倘若要向客戶提出大型企劃案，最好選在結算之前提案。

時時留意「機會只有現在！」的人，與只做規定之事的人，即使兩者的行動「量」相同，成果仍有很大的差距。

訂立最佳時機的假說，通常能提高效率。

再春館製藥所的案例就很值得我們參考。

如果說他們是販售基礎保養品「朵茉麗蔻」的郵購公司，各位或許就有印象了。

再春館製藥所擁有超過400名電話銷售員，他們稱這些人為「客戶取悅專員」（譯註：在臺灣稱為保養諮詢客服專員）。

這家公司先是寄送免費試用品給索取的顧客，等顧客滿意（取悅了顧客）後，才引導顧客花錢購買商品，藉由這種方式讓業績突飛猛進。

然而，到了2000年左右，他們的業績卻停止成長了。

在各個時間點防止顧客脫離的好例子

索取試用品後決定購買的顧客比率停滯不前，此外，也陸續有顧客購買後決定不回購。

於是，他們立刻採取對策。

為了瞭解無法從顧客資料庫看出的、真實的顧客狀況，他們分工合作，每個人負責打電話給30名已脫離的顧客，詢問對方「不購買的原因」、「在1年之內脫離的原因」。

他們發現，各個時間點都埋藏著顧客脫離的原因。

他們立刻擬訂對策，最後終於從谷底翻身，達成V型逆轉。這是相當成功的著名案例，請大家看一下以下分析。

＝再春館製藥所的成功案例＝ ※

《改善① 提高索取「免費試用品」後決定「花錢購買」的顧客比率》

※參考《業務銷售的策略思考》（暫譯）杉田浩章（鑽石社）

〔問題〕調查事實後發現，顧客在收到試用品以後，大約10～15天就會發生「中途鬆懈」的情況，不再正確地使用試用品。所以，顧客才會感覺不到效果。

〔改善〕之前都是在試用品送達後，過了1個月才打第1通電話給顧客。但是這樣就太晚了！為了預防「中途鬆懈」的情況，改在第10天打電話給顧客，並且說明使用方法。

《改善② 防止顧客購買後脫離、「提高『殘存率』」》

〔問題〕實施顧客調查後得知，脫離的原因有「雖然客戶取悅專員提供了建議，顧客卻沒聽進去」、「不明白自家公司產品與其他公司的差異」、「不符合期待」（其實是顧客期待過高）等等。在購買初期、幾個月後、更久以後這些時間點，都看得到這種傾向。

〔改善〕為各個時間點擬訂以下的適當對策。

〈第30天：營造親近感〉發送刊登了客戶取悅專員相片並介紹其任務的DM
〈第45天：售後服務〉由客戶取悅專員主動打電話追蹤
〈第60天：說明商品特性〉向顧客說明「自家公司與其他公司的不同」（原料的差異）
〈第110天：一般的促銷〉在已建立關係的狀況下，實施「促銷活動介紹」

沒想到，只是像這樣變更各個時間點的行動，1年的銷售額就增加了近12億日圓，之後更締造連續14期增益的成績，據說增加的銷售額當中，有50%是這個改善策略的成果。

就算行動做得再徹底，假如時機不佳，依然很難做出成果吧。既然要做得徹底，就得講究時機。不要依賴自己的經驗法則，把焦點放在「對方的心理與行動」上，瞄準最佳的時機，一定能幫助你獲得更大的成果。

23

goal achievement

「徒勞無功」的行動，做得再多也沒有意義

如果不「以對方為中心」思考，就無法做出成果

我曾經遇過這樣的情況：

「伊庭先生，你可以幫我介紹嗎？」

「（該怎麼辦呢……唉，好吧。）好的，沒問題。」

「那麼，可以幫我把這份簡介發送給你認識的人嗎？之後，我會再打電話給他們。」

結果我拒絕了。幫忙介紹，純粹是出於好意。當時我覺得對方「過度依賴」這份好意了。

這種神經大條的人，再怎麼努力也不會有成果。如果想成為持續達成目標的人，不只需要積極的態度，還必須具備體貼他人的心。

如果不「以對方為中心」思考，就無法做出成果。

但是，這就跟絕對音感差不多，不可缺少感受性。例如，遞交資料時，到底是要直接拿給對方，還是要裝在信封或L型資料夾裡，以免資料在公事包裡變得皺巴巴的，你要能夠不自覺地做出判斷。

若是沒注意這種細節，可是會遭對方輕視的，所以一定要多加留意。

各位要不要自我檢查一下呢？

〈檢查有無以自我為中心思考〉

□ 在工作上，當對方為了自己騰出時間時，本來應該提供好處讓對方覺得「見這一面很值得」，但實際上自己卻沒考慮到這麼多。

□ 有求於人時，本來應該先設想對方要費的功夫與心理負擔，思考「有沒有辦法減輕負擔？」再拜託對方，但實際上自己卻沒考慮到這麼多。

純粹「只是想打個招呼」無法帶給對方利益

前陣子，我接到另一家公司打來的推銷電話，對方同樣也是以自我為中心。當時我已經表明「對那項服務沒有興趣」，但他依舊自顧自地死纏爛打。

「我明白這項服務沒有立即的好處。不過，我只想跟您打個招呼就好。只要1分鐘就夠了，可以跟您見個面嗎？」

換作是你，會答應見他嗎？我拒絕了，因為他的意思就跟以下這句話沒兩樣：

「只要讓我捏捏您的手臂就行了，不會痛的。只要1分鐘就好，可以讓我輕輕捏您的手臂嗎？我不會讓您吃虧的。」

對我而言只有壞處而已（打招呼＝沒有好處＝占用時間＝討厭的事＝捏手臂）。

首先要讓顧客感受到好處。換作是我就會這麼說：

「我們調查了這個地區有關業界＊＊＊的最新趨勢，並整理出一份資料。我想應該對＊＊＊有幫助才對。請問您願意看看這份資料嗎？」

我相信只要改用這種說法，願意跟你洽談的客戶數量必能增加至平均的2～3倍。

一定會帶來顧客欲知資訊的頂尖業務員

某位銷售美食資訊雜誌、目標不曾跳票的頂尖業務員，他的「用心」程度令我驚嘆不已。

這位業務員1天要拜訪幾十家餐飲店，每次拜訪時一定會提供餐飲店老闆應該會想知道的資訊，例如「最近熱賣的餐點」、「本月的新客開發重點」。

不過，假如只做到這種程度，其實並不怎麼稀奇。令我吃驚的是，他還會提供如「獲得尾牙訂單的時期」之類，及時配合店家課題的資訊。資料圖文並茂，排版花了不少心思，就連忙碌的店長也能快速瀏覽，感受得到他的細心與用心。

他準備的資料共有13種，能夠因應繁瑣的課題。

請看左圖。以「讚」×「行動量」之觀點評估每一項行動的習慣，能促使我們採取有效的行動。建議各位不妨再次檢視一下自己與同事的行動。

相信你將能夠更有效率地獲得許多的「讚」。

展開行動時，要將焦點放在對方的好處上

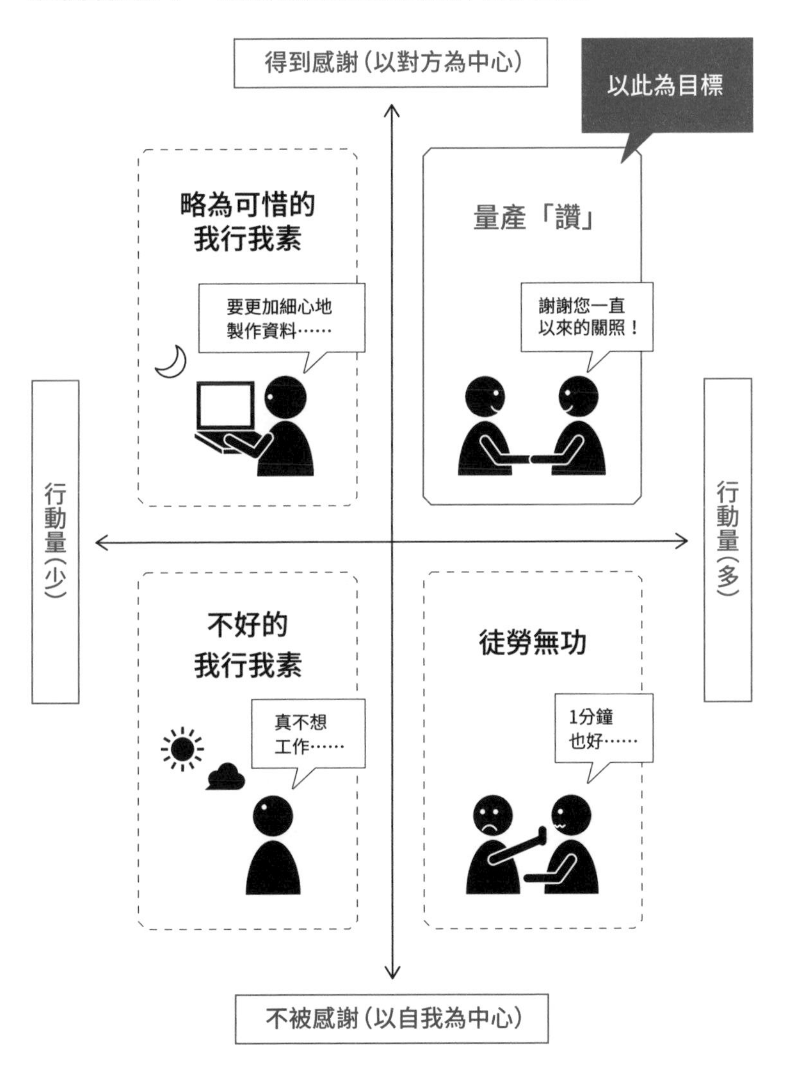

第 5 章

快要失敗時，接下來才是「重頭戲」

24

goal achievement

危機就是轉機。提出「異想天開的點子」

當你覺得「這一期可能已經沒救了……」時，真正的輸贏才剛要開始！

景氣越來越差。該做的都做了，卻還是收不到成果。

但就算如此，仍舊不想「降價」或是進行「互購交易」。

這一期可能已經沒救了……。

各位是否有過這種逆風而行的經驗呢？

其實，接下來才是真正的勝負關鍵！

我們能夠立即採取的行動，就是考慮「有別於以往的方法」。

如果不知道有什麼方法的話，你可以一個人絞盡腦汁，也可以由團隊集思廣益。

不要覺得辦不到，應考慮在沒有風險的範圍內嘗試看看，這是很重要的態度。

畢竟再這樣下去就無法達成目標，你必須下定決心，設法做點什麼才行。

傳說級的矽谷企業家——史考特・庫克（Scott Cook）曾說：

「如果你有『異想天開的點子』，那就先製作出原型，做個小實驗吧！」

面臨日暮途窮的困境時，提出「異想天開的點子」是我們該跨出的第一步。

以汽車經銷商的業務銷售為例。

假設舊客戶與新客戶全都接觸完畢，已經無計可施的時候，有人在會議中提出「接觸汽車駕訓班」這個「異想天開的點子」。

由於少子高齡化的關係，絕大多數的駕訓班確實都招生不易才對。

因此不難想像，駕訓班應該會考慮進行差異化。

除此之外，考到駕照後，選擇開轎車的人似乎比較少。這些新手駕駛也許會開運動型休旅車、跑車，或是工作用廂型車。

既然如此，不知道能不能提議將種類多元的教練車加入商品陣容。當然，畢竟是特殊的車子，不僅要花時間改造，也得花成本，但這個領域應該存在著商機。

這就是「異想天開的點子」。

可惜實際調查後發現，對製造商而言，「多樣少量生產」的話利潤會減少。

（這時若不放棄，想想看有無解決辦法，也是很有意思的做法。）

日暮途窮時，更要提出「異想天開的點子」進行小規模的實驗，這是常勝的法門。

接觸不曾交易過的產業一舉逆轉

這是我在關西做徵才廣告業務員時所發生的事。

當時，關西的景氣很差，廣告收入的目標估計很難達成。

因為跟去年相比，市場縮小了20％，但目標卻是維持去年的水準。

儘管狀況相當嚴峻，仍然不可以放棄。

多次討論後，我決定接觸不曾交易過的柏青哥產業。

當時柏青哥業的競爭越演越烈，於是我心想：「他們必須靠服務品質做出區隔才行，但這個產業很難吸引到優秀的人才，經營者應該憂心忡忡吧。」

結果，我轟出了一記漂亮的全壘打。雖然是未開拓的市場，成交件數卻節節攀高。我在業界內的風評也很不錯，許多人都願意幫我介紹，可以說是颳起了一陣超乎預期的「順風」。我不只維持去年的水準，成績還更上一層樓。

無計可施的時候，更要試著想出許多「異想天開的點子」。然後從中挑出最好的點子，小規模地嘗試看看。

25

goal achievement

只要換個「見面對象」，奇蹟就會發生

幹部與一般員工的決心不在同一個層次

《太陽仍會昇起》是一部改編自真實故事的電影，講述的是日本昭和時代的錄影帶研發史，當中有個場景令我印象深刻。

那一幕是日本勝利公司（Victor Company of Japan）的2名員工，等在松下電器產業（現Panasonic）的入口，直接找當時的總經理松下幸之助談判。當時錄影帶的規格以Beta及VHS這2種為主流。家電銷量驚人的松下電器產業採用哪一種規格，幾乎決定了日本的規格標準，這麼說一點也不為過。

那2名員工抱著任何辦法都嘗試看看的態度展開行動，沒想到這場直接談判真的成功了。

他們的熱忱引起了松下總經理的興趣，於是便聽了2人的說明。結果，松下總經理發現VHS帶給消費者的好處比較多，所以決定採用VHS（就是這個緣故，後來VHS便成了主流）。

假如遇到同樣的狀況，請問你做得到這種事嗎？

雖然結局不見得會像電影情節一樣精彩，不過接觸高層，確實是引發奇蹟的關鍵。這麼做既不會失去什麼，又沒有風險，何樂而不為？

切記，以經營者為首的幹部，通常都有著不同於一般員工、不同層次的決心。

這裡就來問幾個能判斷有無這種決心的問題吧！

假設你現在是某個職務的負責人。

第1個問題：

「你想讓公司變得更好嗎？」

第2個問題：

「你會為了讓公司更好而拜託上司上修你的目標（銷售額或利潤目標）嗎？」

第2個問題是不是很難回答「可以」呢？

只有幹部能在這時毫不猶豫地回答「可以」。

如果認為公司有需要，就算得增加預算幹部也會想辦法執行，此外他們也不怕冒險。而且，幹部有這個權限。正因如此，只要向他們提出合乎期待的方案，總是有機會引發奇蹟的。

如何才能經人介紹給部門經理或總經理？

重視自己與承辦人的關係是絕對條件，此外，還必須先跟身為對方上司的部門經理、課長、董事打招呼，可能的話也別忘了問候總經理。

想引發奇蹟就要接觸高層

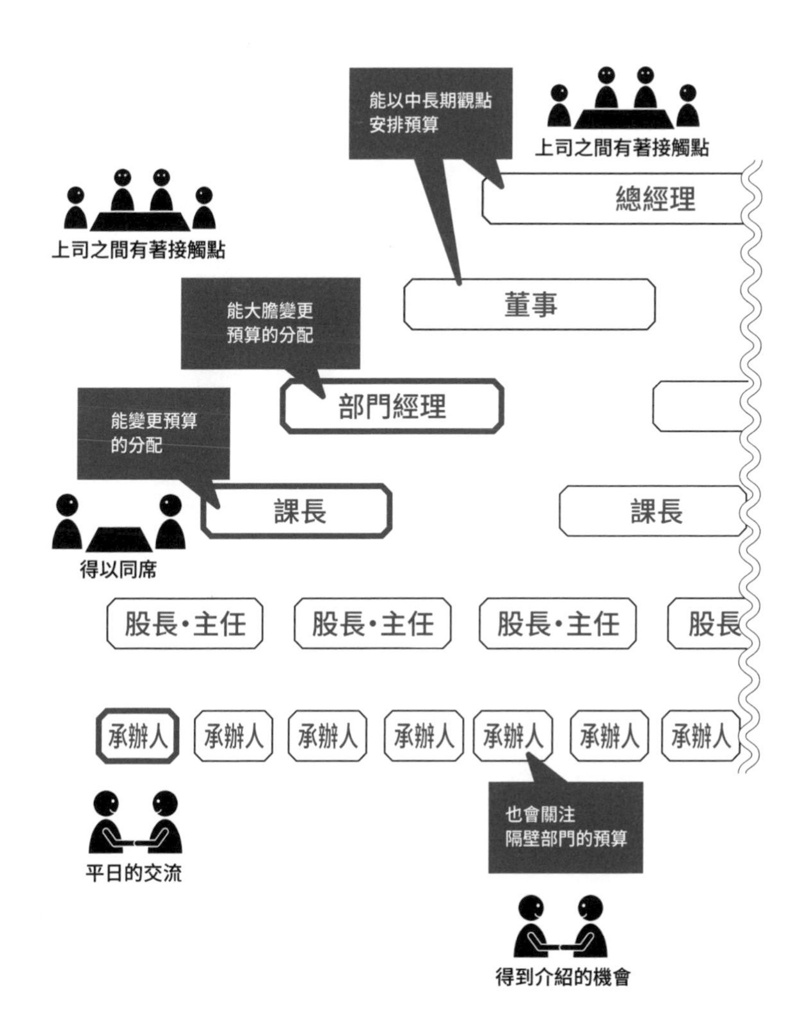

承辦人是為了達成接到的任務而奔走。

部門經理與課長是放眼1～2年，摸索更好的方法。

幹部則是放眼5年，思考應該趁現在完成的事。

只要跟他們見面，就能增加以各種觀點提案的機會。

原則上，上司要跟上司建立接觸點，幹部要跟幹部建立接觸點，根據階層安排打招呼的機會。

你可以試著向承辦人提議：「我們的負責人說，希望貴公司能給他機會，為平日的關照致謝，並針對課題交流一下資訊。」假如雙方關係良好的話，對方應該會幫你製造機會吧。請各位一定要嘗試看看。

如果想要維持好業績，就別畏畏縮縮，快點展開行動吧！

26

goal achievement

省略徒勞無益的事，完全專注於該做的事

「只營業1000天」的超人氣拉麵店

波士頓有家「超」人氣拉麵店叫做「Tsurumen Davis」，即使在低於零下10度的大冷天裡依舊大排長龍，得等上1個小時才能吃到拉麵。

電視節目「情熱大陸」也介紹過這家拉麵店，因而造成不小的話題。

不過現在，那家店也許已經不在了。

因為這家拉麵店的老闆決定只營業1000天。

那位老闆是這麼想的：訂出結束時間「斬斷退路」，哪怕只有一瞬間也要逼自己前進。機會只有現在，所以老闆一點也不猶豫。

為了提供最棒的滋味與香氣，這家拉麵店不計成本地使用大量的「雞骨」，熬出來的湯頭厲害到其他店家都望塵莫及。

「斬斷退路」的效果很驚人，我個人也親身體驗過。

雖然比不上那位老闆，但我同樣斬斷了自己的退路。

當時我決定，要是連續2次未達成業務銷售的季度目標，就要辭職離開公司（畢竟只是個小決定，寫出來實在很丟臉……）。

我也事先告訴妻子這項決定。

因為我認為，如果一再沒有達成目標，自己負責的部分有可能會拖垮整體成績，而且下滑幅度還可能超出預期。假如說這是自己負責任的方式，那不過是自我滿足罷了，但就算如此我依然很認真地面對這件事。

既然都決定好了，就不能再為面子裝模作樣。於是我早早下班，去補習班上課，好提升自己的專業性，就算怕得要死依然鼓起勇氣接觸客戶幹部。

多虧做了這個決定，我從來不曾連續未達成目標，直到離職為止的21年內，我留下了自己能夠滿意的成果。

把「截止日期效果」變成盟友

在現實中，真的要斬斷退路並不容易，各位用不著像我一樣做到這種程度。不過，大家倒是可以試著想像一下，自己只剩1年的時間可以完成目前的工作。或者也可以把時間縮得更短一點，假設只剩1個月而已。想像是很重要的。

在心理學上，這稱為「截止日期效果」，指**截止日期快到時專注力就會提升**的心理作用。

假設距離目標的截止日期還有1個月。

這時不妨下定決心，至少在這1個月內都要專心一志。

我的意思絕對不是要各位憑著氣勢與鬥志，瞎忙瞎努力。

而是削減徒勞無益的事，將所有的勞動時間投注在決定要做的事情上。

總之要比平常更珍惜時間，並徹底消除徒勞無益的時間，必須徹底到令人不敢置信的程度。

就連早上到公司上班，坐在辦公室的椅子上這件事，都可以視為徒勞無益的行為。

我不只把椅子收進倉庫裡，也戒掉坐著的習慣。因為坐下來的話動作會變遲鈍。

另外，我也認為專程來辦公室一趟是浪費時間的行為。直接去拜訪客戶，拜訪完直接回家就行了。

如果一定要提出企劃書，到時候再製作就行了，不過我希望各位也能想一想，有沒有不靠企劃書就能取勝的方法。畢竟把時間花在製作企劃書上是很浪費的行為。

或許也會有「親自拜訪是很理所當然」的客戶。

不過，這次你可以考慮看看，能不能透過電話處理事務。

不消說，這段期間要停止開會，而且要毅然決然地取消。

這種狀況我經歷過好幾次，但感覺一點也不悲壯，也不像軍隊那樣必須嚴格自律。

因為領導者會成為樞紐，時時跟成員分享資訊，例如「再堅持一下就結束了」、「這件事順利完成了」。更重要的是，這就像運動一樣，能培養團隊的向心力，讓大家都能互相勉勵、互助合作。

如果想在截止日前引發奇蹟，**最起碼別跟平常一樣以巡航速度做事**。

這種時候不妨試著建立體制，徹底將力量投注在該做的事情上。由於每小時的有效行動增加了，短期之內很容易發生奇蹟。

即使面臨100個人當中可能有99個人會放棄的逆境，直到最後一刻仍不放棄希望，設法引發奇蹟。能夠抱持這種態度的人，才是真正的專業人士。

27

goal achievement

借助「外部資源」突破極限

仔細思索「沒有其他辦法了嗎？真的是這樣嗎？」

由於「人力不足」，導致「做不了」的事情變多，是令現在的企業頭痛的問題之一。

這是因為員工越來越難找了，如今有7成的中小企業，都面臨了人手不足的窘境。

不過，我希望各位能反過來將之視為機會。

這是一個能夠仔細思索「沒有其他的辦法了嗎？真的是這樣子嗎？」的最佳機會。

你可以換個想法，乾脆地做出「既然沒人手，那就沒辦法了」這個結論，然後運用「外部」的各種資源（人、物、金錢、Know-How）。

相信你一定能找出超越自己或自家組織極限的方法。

如果人手不足，可以考慮採用派遣員，或是看看其他部門能不能支援。雖然要跟公司要求增加人手，恐怕不太容易，但合乎投資報酬率的話，還是有商量的餘地吧。

我以前任職的公司，經營計畫就是這樣規定的，所以公司曾經有段時間停止招募新員工。

可是我判斷，只要增加人力，業績就能進一步成長，於是模擬了增加人力要花多少成本、能夠創造多少銷售額與利潤，以及能夠削減多少不加增人力而花費的加班成本，然後向上司提案。

最後，公司同意採用派遣以及外包服務，就算不招募新員工也能夠提升銷售額。

另外，如果預算不足，通常也可以跟其他部門合作，如此一來就能將雙方的預算合併起來。

死守規則並非正確答案，但也不可以破壞規則。**擴大解釋規則，再請上級裁奪才是正確的做法**，希望各位要有這樣的觀念。

不難向外部專家借助力量的時代

如果是欠缺Know-How而做不了的事，可以考慮借助公司內部或外部的專家智慧。

這種時候必須拆除分隔內部與外部的那堵牆。**如果委託自由工作者或從事副業者，也能夠又快又便宜地取得Know-How。**

我的一位熟人，就因為組織裡沒有人具備統計分析技能，於是找來自由顧問加

摒棄「凡事自己來」主義

人員不足

技能不足
時間不足

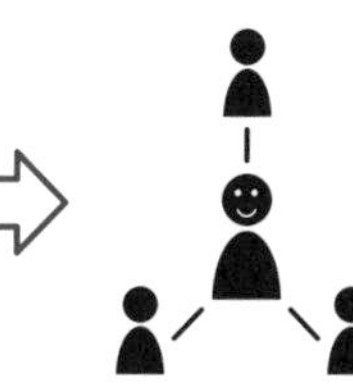

- 多部門支援
- 運用派遣
- 運用外部資源

商品魅力不足

認知不足
效能不足

- 發布新聞稿
- 結盟

資金不足

預算不足
運作資金不足

- 合併其他部門的預算
- 從其他項目挪出預算
- 募資（例如群眾募資）

資訊不足

Know-How不足
人脈不足

- 借助專業人士
- 仰仗上司、同事的人脈

入團隊，確保了高水準的諮商來源。

前陣子我聽到了這樣的消息。

某位年營業額高達數千億日圓大公司的執行董事，當著下屬的面宣布要展開平行事業（譯註：Parallel Career，指本業之外的另一份工作，通常與本業有關，或是從事非營利活動）。

據說他除了要在目前的公司繼續擔任執行董事，還要擔任業務部門與人事部門的顧問，把後者當成畢生志業。

其實這並不是很特別的情況，正確來說，現在已經進入這樣的時代吧。再加上政府也支持民眾從事副業，這股潮流在最近幾年一下子就盛行起來。

現在的環境，只要伸出手就能輕易找到這樣的超級人才。

尤其時間不足與人力不足，都是目前令絕大多數公司煩惱的問題。

假如你的公司沒有時間或欠缺人力的話，不妨考慮一下運用外部資源吧！相信應該還有你們做得了的事。

舉例來說，支援平行事業的一般社團法人SIDELINE的理事就表示，目前仍在大企業任職的專業人士、技術員、董事級人物都在該社團登記資料，為各企業的專案提供協助。

「好困難」、「我們做不了」是無法當作理由的，請各位要有這種觀念。

28

goal achievement

怎麼樣都無法達成時要講究「失敗方式」！

連結下一個目標，阻止連敗

當目標可能無法達成時，千萬要避免半途而廢、等截止日自動到來。再怎麼努力也無法達成的情況，當然也是存在的吧。

希望你在一籌莫展時，能夠講究「正確的失敗方式」。

因為我們可以把「失敗」視為改善的機會，防止自己連敗。

假如現在目標快要跳票了，請你想像結束時的情形，然後對照看看以下的題目。

【正確的失敗方式之評量】

□ 直到最後一刻都沒有放棄嗎？

□ 有想出「自己想得到的」所有對策嗎？

□ 如果還是很難成功，是否抱著「至少要做到這個程度」的想法訂立自主目標，並且達成了這個目標呢？

□ 研究過敗因嗎？此外，有反映在下個對策上嗎？

只要能夠做到上述幾點，未達成目標也能化為成長的機會。

塞繆爾・史邁爾斯（Samuel Smiles）也在其名垂青史的著作《自助論》中這麼說：

「那些被稱為名將的人，都是靠著屢嚐敗仗提升自己的能力。」

之前，我在瑞可利做了大約20年的業務員與業務主管，也曾有過未達成目標的經驗。不過，令我有些自豪的是，每次我都能夠避免「連敗」。

因為我一直很講究「正確的失敗方式」。

我認為，**全勝固然很棒很厲害，但失敗也是寶貴的機會**。

因為這是促使自己破「殼」而出，變得更強的契機。

當目標可能無法達成時，請務必對照一下這個評量的題目。

29

goal achievement

即使窮途末路，也別採取「不誠實的做法」

用正當的方式，販售正當的東西之重要性

就算達成目標這件事再怎麼要緊，也絕對不能做出「不誠實」的行為。「不出賣靈魂」是很重要的。

「不誠實」是指什麼樣的狀況呢？那就是以下2種情況。

【診斷是否「不誠實」的基準】

① 提供對顧客而言「不合乎價值的東西」（價值觀點）

② 對顧客採用「不正直的做法（例如販售方式）」（方法觀點）

①的情況是這樣的：

雖然認為事後可能會遭到客訴，但又覺得無可奈何，而把商品當成有價值的東西提供給顧客。

明知道商品是爛東西，例如獲利率很低的投資商品、難以收到成效的各種服務等等，卻為了達成目標而昧著良心提供，就屬於這種情況。

②的情況則是這樣的。以下就用真實案例說明吧！

有些代理商會拜訪私人住宅，推銷大型電信公司的機器。

這時有的推銷員會說：「我們已取得公寓管理公司的許可，才前來拜訪的。」

但是，這句話其實是騙人的。

此外，還有佯裝成公家機關人員到府推銷（詐騙式推銷），以及說要免費到府檢測，檢測後卻告知「東西需要修理」並推銷商品（假安檢真推銷）等情況。

在這種公司裡，前輩一定會向後輩辯解：「畢竟商品是好的，到頭來對顧客還是有好處的。」但這也是「不誠實」的行為。

我可以很肯定地告訴各位。

①和②的公司能夠存續下去的可能性極低。因為壞評價很快就會不脛而走。

這是我從事徵才廣告相關工作20多年，見過幾萬家公司後所得的確信。

最起碼自己要摸索堂堂正正的做法

可是，公司說不定會要求我們「就這麼辦」。此外，也有可能面臨無法單憑一己之力改變什麼的狀態。

這種時候，如果不論好壞的話，我們只有4個選項可以選擇吧。

① 向直屬上司提議採用正當的方法

②假如有困難，至少自己改採正當的做法（以這個方法做出成果後再向上司建言）

③如果沒精力做到那種程度，就放棄這份工作換一家公司

④出賣靈魂繼續做下去（但是，壞處也很大）

我推薦的做法當然是①和②。

在我見過的案例當中，就有中堅員工嘗試①的做法，成功改變了銷售方式。也有經營者在這個時候感受到「不誠實」的風險。

假如公司依然不肯改變的話，③便是正確的選擇吧。

最起碼要避免採取④的做法。與其選擇④，還不如選擇③。

製造假訂單而「自爆」的人

最後容我再補充一下。即便是認為「我們公司很『誠實』，所以不必擔心」的

人，在某種情況下一樣得當心。

那就是，當自己快要敗給周遭氣氛與壓力的時候。

舉例來說，**當周遭都達成了目標，只有自己沒達成時，或是面臨不允許未達成目標的狀況時，就有可能無法保持冷靜**。這就是所謂的群眾心理。

若要避免自己缺乏冷靜，最重要的就是擁有強韌的精神，懂得自律。

事實上，真的有人會失去理智做出錯誤的判斷，採取所謂的「自爆」做法，也就是明明沒有顧客下單，卻假裝接到了訂單，事後再自掏腰包。

無論如何，這麼做遲早會東窗事發，等著自己的只有懲處而已。

另外，也有人會向合作業者強迫推銷。

其中一個有名的例子，就是常在便利商店或餐廳販售的惠方卷（譯註：一種包著蛋捲、小黃瓜、肉鬆等餡料的壽司捲）。

有的公司或店家會設定個人的銷售目標。

業務員若是要求合作業者「你就買下來吧」，合作業者通常不得不買。

不過，這種做法有牴觸競爭法中「濫用優勢地位」的風險。

我觀察過各式各樣的公司，因此能夠很有自信地告訴各位，這些做法就跟吸食毒品沒有兩樣。

雖然湊到數字達成了目標，但公司的體質反而會持續惡化。

事實上，我見過的公司當中，就有幾家會建議或默許員工「自爆」或「強迫推銷」，而且這些公司最後多半都陷入倒閉、經營重建或遭到收購等狀態。

湊數字就跟吸毒一樣，是絕對不能碰的事。

想要達成目標，一定要採取堂堂正正的做法。

此外，也要有勇氣不去湊數字。就算未能達成目標也不會要了自己的命。

要以長期觀點做出判斷。

我們必須具備負起責任達成目標的「正確態度」。

第 6 章

確實
達成團隊目標
的方法

30

goal achievement

利用任務樹設定每個團隊成員的目標

「將所有人變成主角」的方法

請問，你說得出自己所屬公司或事業部的「銷售額目標」，或是「利潤目標」嗎？

不少人雖然說得出自己的個人目標，卻說不出所屬「組織」的目標。

如果你從事的是領導職務，請一定要設法讓全體成員說得出組織目標。

因為這是打造「數字概念強的組織」的第一步。

假如問起「這一季的目標是多少？」，卻有中堅成員答不出來，就可以判斷這應該是個數字概念差的組織。證明了所屬組織的業績不佳，成員卻有些事不關己。

其實，大部分的原因都出在目標的設定方法上。問題在於成員並不清楚自己對組織有多少貢獻。

接下來要介紹的，是可以明確知道每個人的貢獻度、正統的目標設定方法，希望你在規劃新事業，或是當上某項專案的負責人時，別忘了採用。這個方法分為2個步驟：

第一步，是利用「任務樹」整理任務。

第二步，是互相討論，訂出每個人的目標。

總共就這2個步驟。

STEP1：利用任務樹整理待辦事項與任務

請看左頁的圖。

這稱為「任務樹」。

為了實現「整體策略」，先整理必須完成的待辦事項，再根據待辦事項設定任務（Mission）。

當你要成立新事業時，或是成為專案組長時，請一定要試著利用任務樹設定每個人的目標。

這樣一來，不僅能夠毫無遺漏地設計整體的任務，也能夠明確知道每個人的貢獻度與責任。

在這張圖中，整體目標是將市占率從38％提升至42％，表格則毫無遺漏地整理出，想達成這個目標的話該做哪些事。訂立個人的目標之前，應先從這裡著手。

之後，決定各項「該做的事」的負責人員，然後根據「SMART」法則設定目標。

STEP1：利用任務樹整理待辦事項與任務

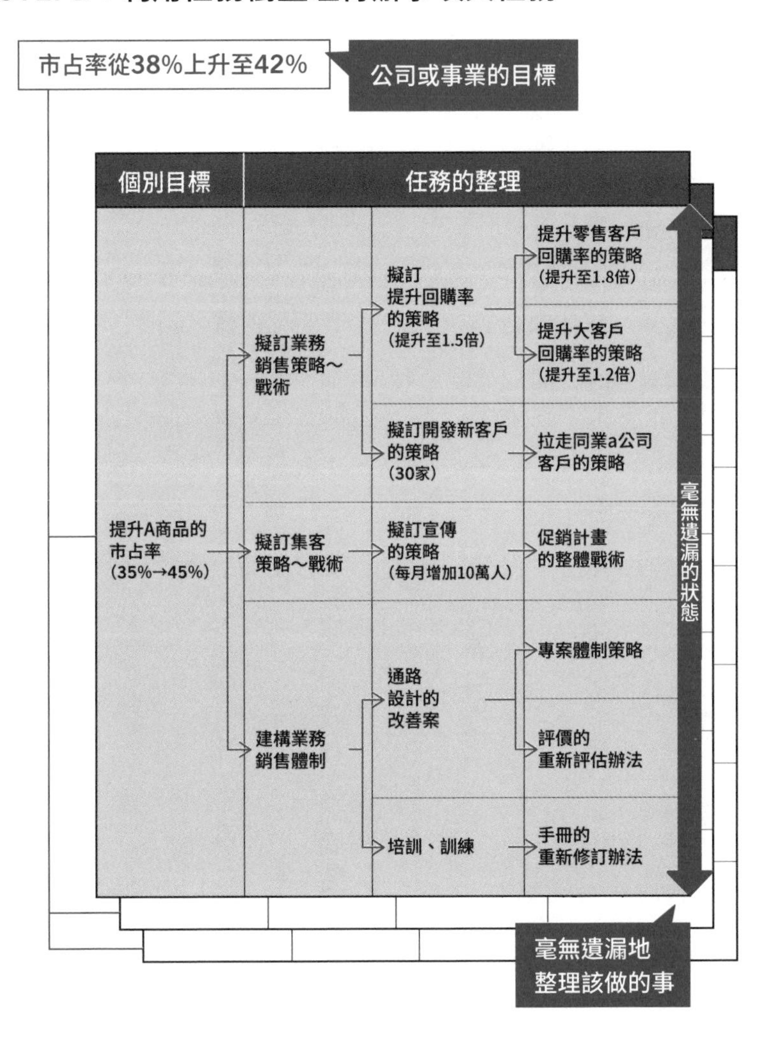

SMART是指以下的意思：

S（Specific） 該做出什麼樣的成果？具體嗎？
M（Measurable） 可客觀衡量是否達成嗎？
A（Assignable） 有明確指定負責人員嗎？（不能認為那不是自己的工作）
R（Relevant） 待辦事項跟結果有無關聯？
T（Time-related） 要在「何時」、「什麼狀態」下執行？達成期限明確嗎？

STEP2：決定負責人員，跟成員分享

接著設定每個人的目標，流程如下。
組長先設想好整個目標設計的「腹案」（暫定計畫）。
接著，安排機會跟負責人員交涉，談到對方接受為止。
然後加以調整，覺得沒問題後，再跟其他成員分享整個計畫。

STEP2：決定負責人員，跟成員分享

根據「SMART法則」設定目標

目標	負責人員	目標		負責人員
A商品的市占率提升至45%	○○	提升回購率	提升零售客戶回購率	
			提升大客戶回購率	
		開發新客戶	拉走同業a公司的客戶 30家	○○
		擬訂宣傳的策略	每月開發10萬名新客戶	○○
		通路設計的改善案	自4/1起專案團隊的工作率要達到100%	○○
			自4/1起新指標的運用率要達到100%	
		培訓、訓練	自4/1起手冊的運用率要達到100%	山田

先根據SMART法則決定各個任務的目標值

之後再決定負責人員

SMART法則

S	Specific 追求的成果具體嗎？	○ 手冊運用率100% × 運用手冊
M	Measurable 可客觀衡量是否達成嗎？	○ 手冊運用率100% × 提升技能
A	Assignable 有明確指定負責人員嗎？	○ 負責這項任務的是山田 × 責任歸屬不明
R	Relevant 對大目標有影響嗎？	○ 必須達到45% × 對45%這個目標「大概」有影響
T	Time-related 期限明確嗎？	○ 4/1運用率要達到100% × 運用率要在早期達到100%

這樣一來，也可確保組織不可欠缺的自我決定感，讓成員感受到「自己的意思反映在目標上，自己也對組織有所貢獻」。更重要的是，可以透過這段過程，讓所有人成為主角朝著大目標邁進。

我曾在某個電視節目（忘了叫什麼名字）上看到以下這一幕。

卡樂比（Calbee）的松本董事長（當時）對一旁的下屬（總經理）說：「來，這是這次要麻煩你的任務。如果你沒達成，我也會無法達成目標，萬事拜託囉（笑）。」

這正是一個利用任務樹將大目標細分成小任務的例子。

當你成為專案組長，或是事業或商品的負責人時，請務必設計任務樹。這麼做一定可以提高成員的自主性，讓大家團結一心喔！

31
goal achievement

為何不能訂下「全員都能達成的目標」？

「地板效應」與「天花板效應」

朝著「全員達成」的方向努力是無妨，但是不能訂下全員都能達成的目標。

提出目標設定理論而聞名的美國心理學家洛克（Edwin Locke）這麼說：

「目標應該訂得『困難一點』。因為簡單的目標，無法發揮能力獲得良好的工作表現。」

另外，將優衣庫（Uniqlo）拉拔成國際品牌的迅銷（Fast Retailing）董事長柳井正也說過：

「重要的是『訂出只要努力就能勉強達成的目標』。」

話雖如此，過高的目標又會降低工作表現。

這是因為如果目標的難度過高，就會發生「地板效應」。

地板效應是指，大家都放棄挑戰，獲得的結果維持在低水準的現象。

假設有家公司認為「挑戰很重要」，總是設定過高的個人目標，但每次都有9成的人未達成。這樣一來，未達成就會變成常態，陸續有人一開始就放棄挑戰。最後，公司不僅經常有人離職，業績的成長率也比同業還差。

開頭提到的、全員都能達成的低目標也很危險。各位聽過「天花板效應」嗎？

天花板效應是指，用不著努力也能得到結果、沒有什麼差別的狀態。舉例來說，如果拿九九乘法的題目考高中生，大家都能考100分。

其中常見的就是，「全員都達成目標，員工滿意度也很高，但事業的成長情況卻不理想」這種狀態。

無論對公司還是個人而言，這都只能說是摧毀了成長的機會。

總之，不能訂下全員都能輕鬆達成的目標。

「7成達成，3成未達成」的程度剛剛好

那麼，什麼樣的難度才是最適當的呢？

我個人建議的是以下2種難度。

〔適當的難度〕

個人觀點：當事人認為有5成把握的程度（成功機率50%）

組織觀點：整體而言「達成者有7成，未達成者有3成」的程度

我們先從個人觀點看起吧！

這是著名的「成就理論」，提出者為心理學家阿特金森（John William Atkinson）。

目標難度為「7成達成，3成未達成」

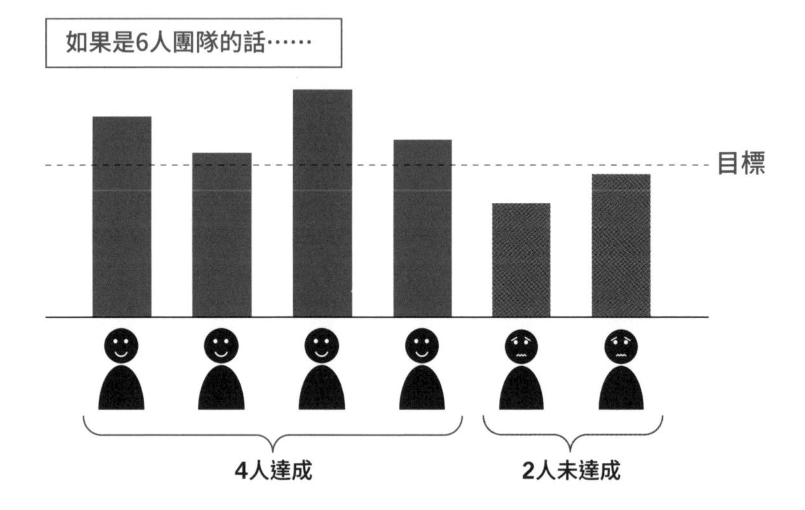

難度過高的話，人就會放棄；難度過低的話，人則會覺得索然無味；稍微困難一點，人才會燃起鬥志。這個難度，就相當於當事人覺得有5成把握的程度。

接著來看組織觀點。這是源自我的經驗與採訪的見解。

難度若是太高，就會像前述的公司一樣，對未達成目標習以為常；反之，難度若是太低，則會摧毀成長的機會。

因此，剛剛好的比率為「達成者有7成，未達成者有3成」。

你可以先憑感覺來設定，若是由組織成員一同達成目標的情況，以這2種觀點來設定，便能訂出只要「踮腳」並伸長手臂就能碰到的目標。這是最適當的難度。

不過，有時執行之後才發現預測錯誤，例如全員都達成目標，或是達成者只有4成左右等等。

差距太大時別置之不理，應該在中途調整難度。

不消說，已訂下的目標當然不能變更。你可以訂立別的目標，當作挑戰目標。

這裡就來介紹某位業務課長的例子吧！

當他覺得目標太低時，就會告訴成員「再提高10％吧」，另外設定一個有別於正式目標的「挑戰目標」。反之，當目標太高時，他則會說「至少要達成90％」，另外設定一個「必達目標」。

這樣一來，假使成員的平均目標達成率原本可能只有70％，也有辦法提升至90％。

32

goal achievement

由能幹者「拉著前進」的團隊為什麼很脆弱？

有人會覺得「就算自己未達成也沒有影響」

設定目標時「直接以上一次的業績為基準，把數字往上調」是很常見的做法。不過這樣一來，越是努力締造佳績，下一個目標帶給當事人的負擔就越大。

若要避免這種情形發生，設定目標時要先訂出明確的方針，這點很重要。建議大家，這個方針最好包含「將目標分攤給所有人」這一點。

分攤目標的原因有三：

① 弭平不公平感（預防持續加重締造業績者的負擔）

② 防止混水摸魚（預防不被期待的人偷懶不認真）

③ 回避風險（就算優秀的執行者請假也不要緊）

①已經說明過了，我們直接來看②的「混水摸魚」吧！

混水摸魚就是指這樣的狀態：

「就算自己不做，團隊也會想辦法。」

「就算自己未達成目標，對公司也沒有影響。」

抱持這種想法，以為就算結果差強人意也沒關係，因而不認真面對目標。這種現象稱為林格曼效應（或稱為社會惰化；Ringelmann effect／Social loafing）。認為「用不著那麼努力，只要狀態不糟就好」的年輕人，正是林格曼效應的其中一例。

其實，我曾數度採訪只靠幾名老鳥拉著前進的組織，裡面的年輕人都欠缺「無論如何都想達成目標」的態度。

③的回避風險也是很重要的觀點。因為如果老鳥不得不請假，所有人可能會「一起倒下」。

那麼，具體來說該怎麼做才好呢？

就算覺得為時尚早，也要建立將老鳥的工作移交給菜鳥的體制。

只要事先訂出規則，設定每個人的標準，一旦目標超過這個標準就大家一起分攤，如此一來做判斷時就不會猶豫了吧。

利用成績的「平均值」自動調整難度

另外，如果是定量目標，運用自動調整機制也是值得考慮的做法。

雖然這個方法並非所有職場都適用，個人建議先考量過去的「目標與成績」，再來調整難度。

左圖是我帶領業務銷售組織時採取的方法，步驟如下：

只要訂出邏輯，就能自動調整目標的難度

參考上次的目標與上次的成績來調整難度

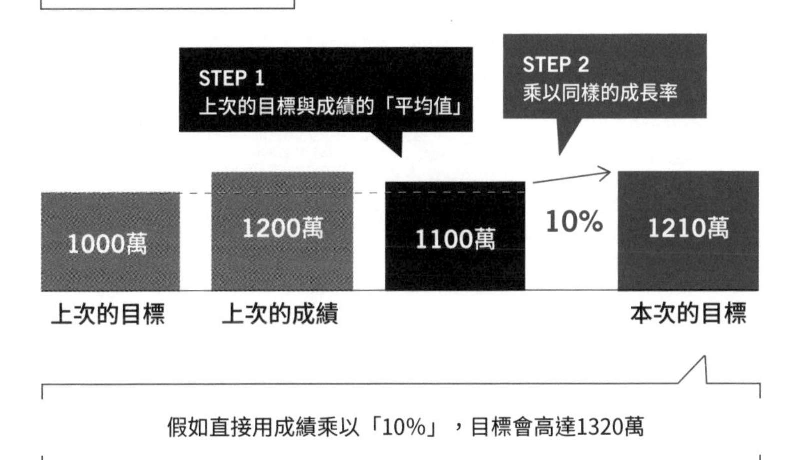

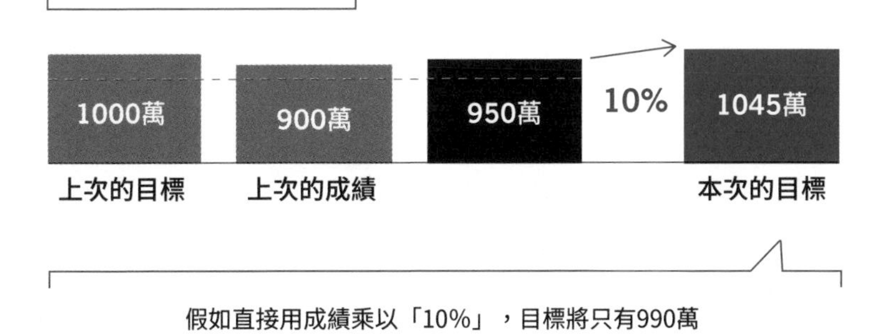

ＳＴＥＰ１：算出上次的目標與成績的「平均值」（每個人的都要算）
ＳＴＥＰ２：用平均值乘以「同樣的成長率」

舉例來說，假設上次的目標為１０００萬日圓，成績為１２００萬日圓。兩者的平均為１１００萬日圓。

然後，用１１００萬日圓乘以成長率。這樣一來，就能減少目標的高低落差，**既可以減輕達成者的負擔，又不會讓未達成者覺得輕鬆。**

如果需要進一步調整難度，除了上次之外，也要考量上上次的目標與成績。設定目標時，就算是採自行提報的方式，最好也要具備作為思考基準的邏輯。

33

goal achievement

如果只是「為了數字」，人並不會全力以赴

何謂「如教派般的強大」？

如果只會追逐目標，組織將無法變得強大。

坦白說，以前當主管時，我曾跟下屬進行過這樣的對話：

「每天追逐目標的我們，到底是朝著哪裡前進呢？」

「呃，不就是市占率50％嗎？」

「可是，這樣能改變什麼，又會變得怎麼樣呢？」

說來丟臉，當時我雖然講了一個「感覺像是答案」的答案，但由於沒仔細思考就回答，下屬並未接受這個答案。如今我深刻反省自己，因為我的目光都放在如何

達成目標上。

想加強數字概念，就得注意另一件更重要的事：認真追逐目標時，必須要讓團隊具備使命感，明白自己為什麼非要做到那個程度不可。

國際知名顧問詹姆・柯林斯（Jim Collins）曾在名著《基業長青》（遠流）中表示，高瞻遠矚的公司有著「教派般的文化」（Cult-like Culture）。這裡所說的教派並無負面意涵，而是指「為了成就某個事物，而狂熱地進行到底」。

從小酒館的徵人廣告感受到的使命感

以下就來介紹我親身體驗這種「教派般的文化」的往事吧！

這是學生時代的我，因為一個意外的機會，到瑞可利FromA（提供徵才就業資訊的公司）打工時發生的事。當時我湊巧分發到連續48季達成目標、全國第一的營業所。

令我訝異的是，雖然那裡的數字管理每天都做得很確實，但大家都很開朗樂觀。

大部分的人都熱愛自家商品，且非常希望多數的求職者、有人力困擾的企業能夠使用它，起初我實在無法理解這股匪夷所思的熱情。

我的第一件工作，是爭取小酒館的坐檯小姐徵人廣告訂單。

由於我本來是想趁在學期間與企業經營者接觸交談，因此起初心中滿是失望與遺憾，不過這種感覺很快就一掃而空。

也許是受到周遭環境的刺激吧，我的內心湧現了使命感。

「有些人很排斥到小酒館工作。但是跟老闆娘聊過之後卻發現，她對自己的生意引以為傲，也很重視女性員工。我想幫助為錢煩惱的人，為他們多增加一個『在小酒館工作』的選項。」

還只是個學生的我，竟然會有這種感受。

因為有了這個想法，我萌生出想盡量多接一點案子的念頭。當我得知這些努力化為銷售額，支撐著這個事業時，我也喜歡上這個事業了。

就連普通的學生打工都能產生這種變化，這讓我確信願景真的很重要。

如果焦點全放在業績上，人是不會付出那麼多努力的。這點無庸置疑。**想推廣這項商品，想改變常識——**我認為擁有這種「教派般的信念」是必要的。

不是「想賣給顧客」，而是「想送到顧客手中」

麒麟啤酒高知分店的故事最近相當出名。

高知分店原本是個吊車尾的組織，後來銷售成績躍升為全國第一，他們的故事被寫成了一本書，出版之後在日本造成話題（《為什麼我家的冰箱都是麒麟啤酒：日本高知分店銷售現場的奇蹟式逆轉勝》，田村潤著，今周刊出版）。這本書裡描寫了這樣的光景：

人不會只為了數字而努力

想進一步推廣這項商品，
一定能取悅顧客

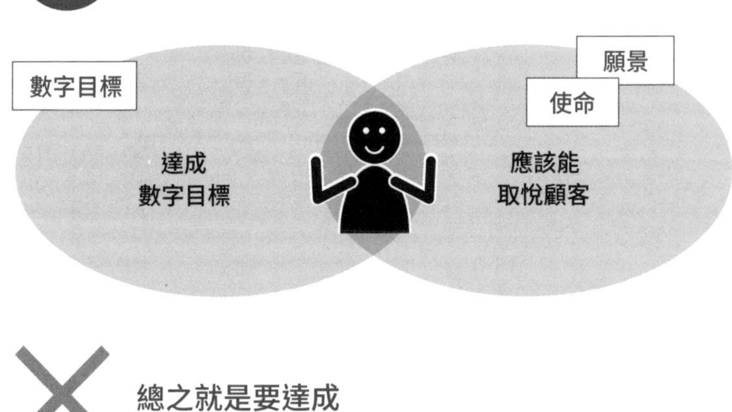

總之就是要達成

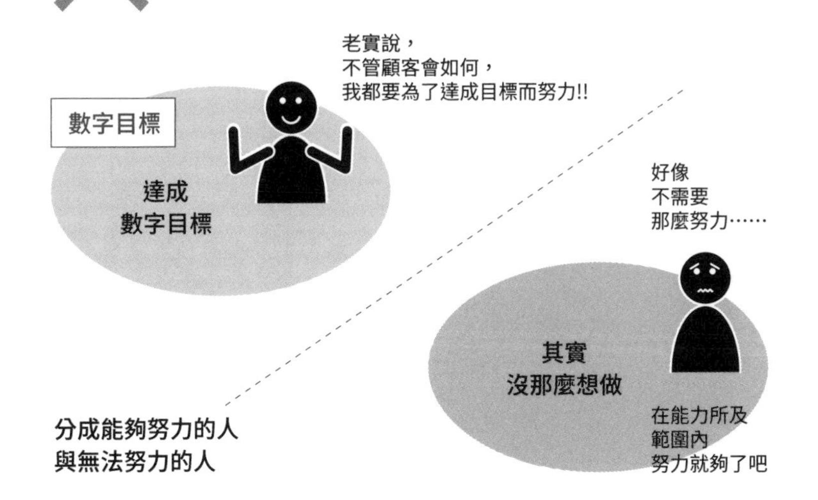

分成能夠努力的人
與無法努力的人

業務員得知當地人都是喝對手品牌的啤酒後，不只拜訪店家，也走訪農家的溫室，逢人就說：「我們是麒麟啤酒！請一定要喝喝看我們的商品。」

相信他們的上司，應該沒要求業務員連溫室都要去拜訪與推銷。

雖然當時的他們，幾乎要被朝日Super Dry掀起的熱潮所打敗，卻依然想守住麒麟的「拉格啤酒的原味」。

他們的信念是：「創造出無論去到高知的哪家店，麒麟啤酒都放在最醒目的位置上，想喝隨時都能喝的狀態。」

你的組織又是如何呢？有沒有這種想法？

但凡強大的組織，必定看得到這種彷彿著了什麼魔般的「教派」狀態。

擁有願景與使命的重要性

那麼，我們該怎麼做才好呢？

血汗企業是「為了數字」而努力。

我們則不同，不可以「為了數字」而努力。

「未來有想成就的事」才是重點。

首先，請試著訂出有別於數字目標的「團隊使命」。

或者也可以參考公司的理念或使命。總之，思考一下自己的團隊想怎麼做。

「團隊願景」（我們想要創造這樣的光景）

「團隊使命」（我們擔負著這樣的任務）

只訂立其中之一，或者兩者皆具備都可以。前述的麒麟啤酒高知分店，就是兩者都具備。

他們的願景是：「讓高知民眾喝到好喝的啤酒，讓他們喝得開心，讓啤酒成為他們明日的活力來源。」至於使命則是：「業務員要創造出無論去到高知的哪家店，麒麟啤酒都放在最醒目的位置上，想喝隨時都能喝的狀態。」

除了團隊以外，你個人最好也要擁有「使命」。

我去採訪締造優異業績的保德信人壽（Pramerica）壽險規劃師（保險業務員）時，就聽他們提起自己的「保險觀」。

他們懂得自己動腦思考「為什麼需要保險？」，並且擁有自己的使命（工作觀）。他們對自己的工作引以為傲，認為普通的「保險員」是無法成為「陪伴顧客一輩子的夥伴」。

這些壽險規劃師不只學習保險方面的知識，還熟讀給經營者看的財經雜誌、閱讀2份以上的報紙，連服裝儀容與行為舉止都很用心注意，這些也都體現了他們的「保險觀」。

假如只有數字目標，人是不會付出那麼多努力的。

34

goal achievement

就連「一點偏離」都不要放過，大家一起溝通討論

如果覺得工作的進行方式不太對勁，要跟大家一起解決問題

有些時候，職場上的做法會讓人無法「贊同」。

例如幾年前決定的做法，通常就不符合現在的時代了。

重要的是，如果執行之後發現任何一點不對勁，一定要溝通討論。

持續使用錯誤的方法是無法得到好結果的，只會讓情況越來越糟。

這裡就為大家介紹一個例子吧！

有位新任業務主管擬訂了業務銷售的「戰術」。

之前他也確實運用這個模式做出了成果。因為這個緣故，到新部門上任後，他同樣決定指示下屬採用這個「戰術」。

但是，不知為何他們完全收不到成效。

成員開始感覺到，這個「戰術」並不適合市場的現狀。

因此，他們果斷地向上司建言，結果上司這麼回答：

「你們做得還不夠多吧，先做完再說啦！」

由於眼下的氣氛讓人很難再繼續談下去，成員們便不再多說什麼。

結果，他們遭受很大的損失，1年後依然沒能達成目標。

最後部門陷入愁雲慘霧之中，更有數名成員一同申請轉調。

時代的變化越來越快速。

倘若你是上司，只要有任何一點不對勁，一定要傾聽其他人的意見。

假如你是中堅下屬，請別建言一次就氣餒，要設法安排能夠好好溝通討論的機會。在現今的時代，這是中堅分子必須具備的追隨力（參謀力）。

別把特定的致勝模式視為絕對

這個例子的問題在於，主管過度拘泥於「一貫性」。

比起一貫性，他更該重視的是「把不對勁的感覺化為機會」。

請先試著安排機會，例如每週1次或每2週1次，定期與團隊成員一起查核工作狀況。

這種時候，最好要檢查以下2個項目：

- 「有無發生意料之外的情況？」
- 「有無出現落差？」

先從「意料之外的情況」看起。

任何一點「意料之外的失敗與成功」都不要放過，這很重要。

像是換了該見面的對象就成功了、變更執行的時間點就成功了……等等，千萬不要忽略了這種一瞬間的幸運。

以宅配為例。如果發現在早上8點這個時段將包裹送到公寓的話，比較容易找到收件人，那麼就從8點開始配送寄到公寓的包裹，就算要調整上班時間也無妨。

實際上，真的有司機從8點開始接單，將包裹配送到公寓。

「落差」也是一樣。

如果進展情況跟規劃的不一樣，大部分是因為現實與計畫之間有落差。

這時應該先查明不順利的原因出在「哪裡」，假如是搞錯了對象的需求，或是規劃的程序有問題，就要馬上修正。

假設我們一直輸給競爭對手。如果調查之後發現，是因為價格不划算，顧客連考慮都不考慮，那就可以立即改善，例如準備資料告訴顧客這個價格真的很「實在」，或者鎖定能夠接受這個費用的顧客。

別把特定的「致勝模式」視為絕對，如果感到不對勁，就必須查明事實，並且加以調整。

據說汽車方向盤的角度若是偏了3度，開10公里後，就會偏離原本的路線500公尺。

我們不可以偏離路線。請各位務必進行微調，設法接近目的地（達成目標）。

第 7 章

目標達成力
也能使人生
變得積極正面

35

goal achievement

培養「達成習慣」是對未來的投資

能夠幸福地度過漫長人生的肌力訓練

工作到60歲就退休——這種人生規劃如今越來越難實現了。

在生活方式的選項越來越多的時代，不受環境影響，積極實現自己決定的事，其重要性與日俱增。

能夠一輩子仰賴公司招牌、組織招牌的時代已經結束了。

若想幸福地度過漫長人生，自行規劃人生無疑是重大的關鍵。

一如，想增強體力就必須做肌力訓練才行，各位不妨將持續達成每日目標的習慣，視為有助於自己幸福度過漫長人生的肌力訓練。

如果只是默默完成被賦予的目標、只使用公司規定的方法，這樣的負荷是不足的、太輕了。假如是別人告知自己「旅遊的目的地」，而自己也只是照著「旅遊行程表」走的話，這樣是沒辦法鍛鍊出肌肉的。

即使目標是他人賦予的，也要擁有自己的「目的地」，找出達成這個目標的意義，自行設定想要達到的程度，再擬訂一定能達成的計畫，然後自行推動PDCA……必須經歷這段過程，才能夠鍛鍊出肌肉。

趁現在努力增加「信賴餘額」吧！

辭職離開公司的那一刻，想必有2條路在等著你。

一條是「無人邀你去工作的路」，另一條則是「有人邀你去工作的路」。

相信大家都想走後者那條路。

但是能否踏上這條路並不是自己能決定的，而是由他人（或社會）來下判斷。別人的審查重點，就是「信賴餘額」。這個「餘額」有時會化為期待，有時則化為信用。

順帶一提，後者在辭掉工作後，大多會接到「要不要一起吃頓飯？」之類的邀約。用餐的時候，對方便會提議「如果下一份工作還沒著落，我可以幫忙介紹，有需要再跟我說」，之後就經由對方的介紹得到面試機會。

由於面試官事前就耳聞過之前的成績與風評了，對面試者而言相當有利。

這樣一來，就能換到一份待遇更好的工作了。

我的朋友當中，就有人原先是大企業的員工，後來經歷了創業（失敗）↓為了生活到車站前的居酒屋當攬客員↓（許多人勸他別再做這種工作，紛紛提出邀約，）最後成為上市企業的關聯公司總經理，戲劇性地達成V型逆轉，從谷底翻身。

其實，每年我都會接到幾次這種詢問：

「你認識的人當中，有沒有不錯的人才呢？」

但是，我鮮少能提供協助。

因為把某個人介紹給另一個人是有風險的。

如果介紹出去的那個人沒有活躍的表現，難免會覺得自己要負起責任。

事實上，除非是「相當急迫」的情況，否則我只能回答對方「目前沒有耶……」。

不過，我的腦中偶爾還是會閃過人選。也就是讓我覺得「如果是他或她的話，應該就沒問題吧」的人。

這種人的條件就是已有成績、行為良好，而且信賴餘額很高。

成為辭職後大家都會爭相邀約的人才

因此，請先全力以赴達成眼前的目標。

這也是可提高自己信賴餘額的投資活動。

- 總是做出成果
- 沒做出成果時，一樣很認真地努力，既不放棄也不偷懶
- 即使遭遇逆風，也不輕易考慮轉職或轉調單位，而是設法克服困境
- 周遭給予的評價也很好

這樣的態度與表現，就能夠提高信賴餘額。

反之，明明沒做出卓越的成果卻「強調自己努力過了的人」，或是「一直換工作，還講前公司壞話的人」，就算他的簡報能力很強，「好機會」依然不會到來。

信賴並非一朝一夕就能培養出來。不過我可以保證，只要運用這本書的理論與方法，就能不斷提高信賴餘額，增加機會。

36

goal achievement

培養恆毅力（GRIT）

即便是枯燥乏味的工作，你也能每天泰然自若地完成嗎？

負起責任達成目標的好處還有很多。

例如，可當作提高「GRIT」（恆毅力）的訓練。

GRIT是指「帶著熱情，很有耐心地堅持到底的能力」。

賓州大學心理學院的安琪拉・達克沃斯（Angela Duckworth）教授在驗證各種成功因素後發現，這些成功人士的共通點並非智商的高低，而是恆毅力的高低，這個概念也經由她的介紹廣為流傳（《恆毅力：人生成功的究極能力》，天下雜誌出版）。

即便是枯燥乏味又艱險的作業，也不會厭倦或是感到挫折，能夠勤懇地長久堅持下去的話，無論智商是高是低，成功的可能性都很大。

此外，達克沃斯教授也暗示了「恆毅力」的重要性。

她表示，若想達成某個目標，需要2個階段的「努力」（堅持不懈）程序。

第1階段⋯⋯天分×努力＝技能 → 持續努力獲得達成目標所需的技能

第2階段⋯⋯技能×努力＝成就 → 使用達成目標所需的技能，堅持不懈地執行

《恆毅力》這本書日文版的書腰上寫著「巴拉克・歐巴馬、比爾・蓋茲、馬克・祖克柏⋯⋯全球頂尖領導者無不驚嘆」，由此可以窺知他們對恆毅力這個概念的贊同。

的確，你我身邊是不是存在著這樣的人呢？

恆毅力的高低會影響最終結果

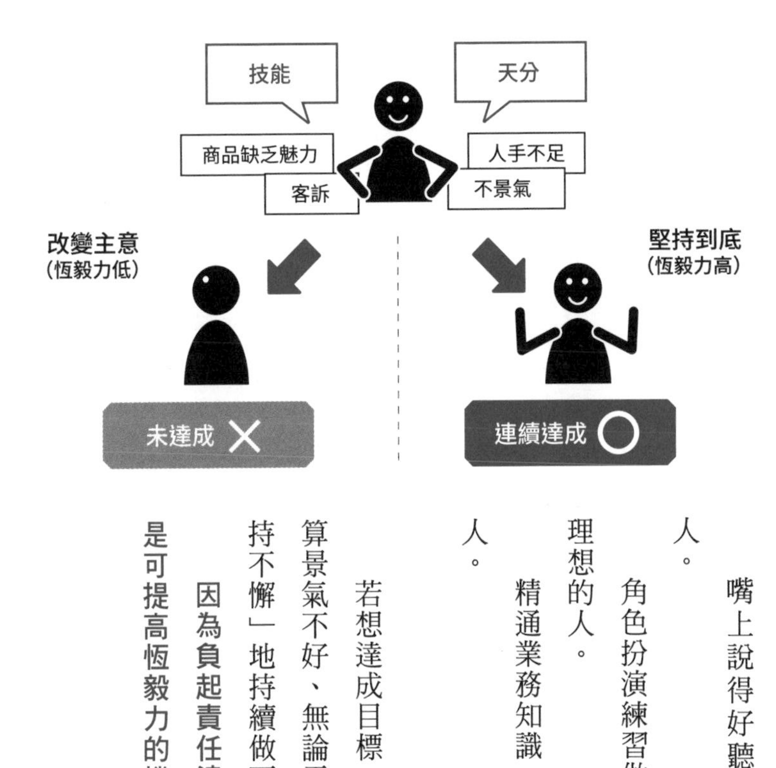

嘴上說得好聽，卻做不出成果的人。

角色扮演練習做得很好，成績卻不理想的人。

精通業務知識，業績卻普普通通的人。

若想達成目標，就算提不起勁、就算景氣不好、無論天氣如何，都要「堅持不懈」地持續做下去。

因為負起責任達成目標的過程，亦是可提高恆毅力的機會。

就算未達成者高達9成也絕對不放棄的前輩

至今我依然會想起，自己在做徵才廣告業務員時的事。

景氣一旦惡化，人力資源業隨即進入寒冬。

某一年更慘到只有5%的人達成目標。

當時甚至瀰漫著「畢竟大多數的人都是如此，就算未達成也是無可奈何的事」這樣的氛圍。「放棄也不要緊」的理由十分充足。

不過我覺得自己很幸運，遇到了許多好前輩。

我的身邊有著一群就算景氣信心惡化，也不會輕易放棄目標的前輩。

他們都是在公司工作了10年，從來不曾達不到目標，而且充滿恆毅力的人物。

某天，其中一名前輩這麼說：

「對於煩惱後繼乏人的經營者而言，不景氣是招募人才的絕佳機會。」

原本我們的客戶都是企業的人事部，結果第二天起大家就把接觸對象改成了經營者。

我也決定跟上這股風潮。值得慶幸的是，前輩的預測完全正確，獲得的合約數量超乎想像。

在追逐目標的過程中，有時也會颳起意料之外的逆風。不景氣、客訴、人手不足、天氣、心情、家庭問題……問題多到說不完。但是無論周遭情況如何，都要保持絕不逃避且堅持到底的態度，因為這是可提高恆毅力的大好機會。

將「最頂層目標」寫在筆記本上

除此之外，據說擁有「最頂層目標」也能有效提高恆毅力。這個意思跟前述的「擁有目的」是一樣的。

舉例來說，假設我們有著「想達成單月目標」、「想在3年之內升遷」、「想實現零加班」之類的欲望。將這些欲望總括起來的「終極興趣」，即是「最頂層目標」（目的）。

有時可能會發生「提不起勁」的情況。這種時候，建議你到咖啡廳花15分鐘，思考一下自己的「終極目標」。

就像左頁的圖一樣。

就算是籠統的目標也沒關係，建議各位像這樣試著訂出「最頂層目標」。

例如「有朝一日要成為成功的經營者」、「想成為擁有獨門絕活的專業人士」、「想過能跟家人環遊世界的人生」……等等，任何目標都OK。

以前我曾在筆記本裡寫下「將來想創業，以及寫書，還想成為帶給他人勇氣的人」之類的目標。

不可思議的是，只要想到這些目標，就連逆風都能讓我覺得「或許可以當成寫作的題材」。

設定「最頂層目標」可提高恆毅力

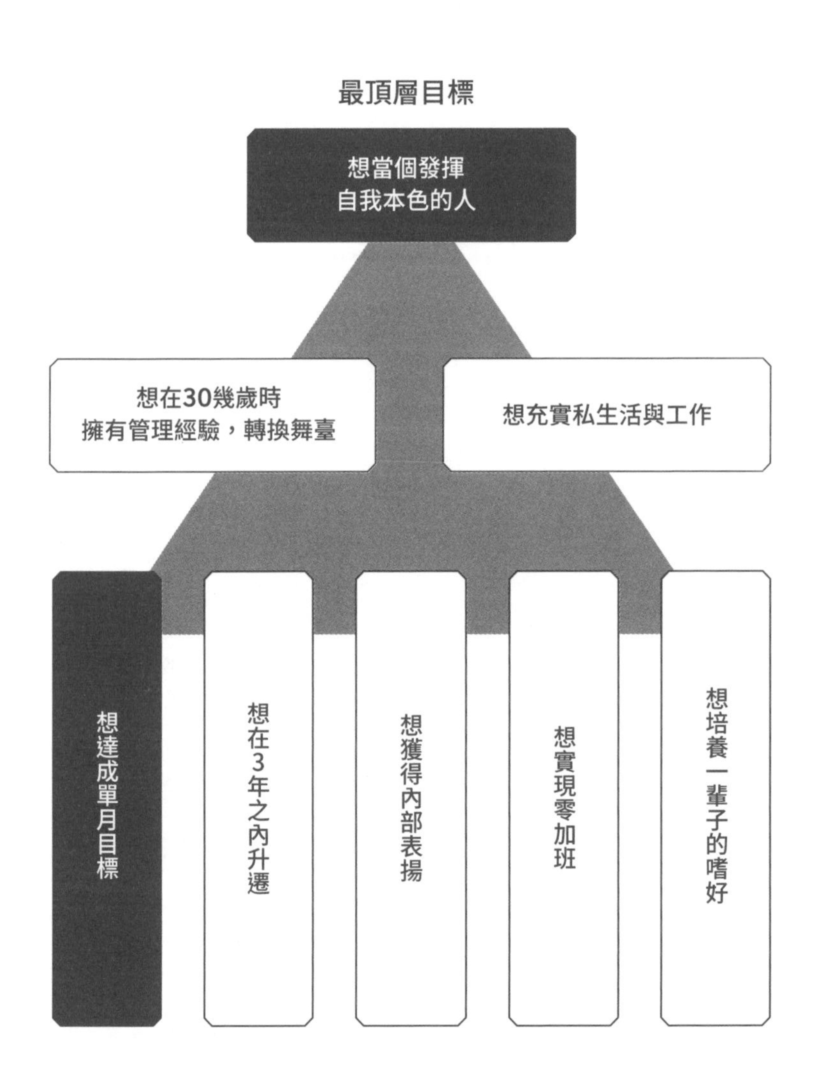

不過，可能還是有人怎樣都想不到「最頂層目標」吧。

找維持好業績的前輩、同事或上司聊聊，也是一種有效的方法。

另外也建議，除了公司內部的人以外，也要跟外部人士接觸。相信你一定能獲得啟發。

37

goal achievement

建立把「不安」轉換成能量的迴路

只要想到未達成的後果便會努力

你是容易感到不安的人嗎？或者鮮少感到不安呢？

如果心有不安，一定要設法將之轉換成能量。

其實，只要善加利用不安，反而能夠帶來好結果。

感到不安時更要避免受情緒影響，並且應整理事實與預測，事先研擬問題發生時的「對策」。

這樣一來，便能建立消除不安的迴路，把不安轉換成能量，讓自己處於能獲得更確實結果之狀態。

以下就舉幾個例子吧！

・如果非常擔心無法達成目標

不能用感情來處理問題。應該先做出「如果發生這種情況，就會變成這樣。而變成這樣後，說不定就會發生那種情況……」這樣的預測，讓自己能夠預先準備，防患於未然。

如此一來，心中的陰霾便會一掃而空，達成目標的機率也會上升。

・如果非常擔心身體不健康而沒辦法工作

真是太幸運了，這是養成好習慣的機會。

每週去健身房幾次，多吃蔬菜和魚肉。還有不抽菸，不飲酒過量。

看上去像是很難做到的自律生活，但因心有不安反而能自然而然地做到。

如果現在正流行感冒，外出與睡覺時都要戴口罩。隨時帶著殺菌用的酒精，每個小時消毒1次。杜絕經口傳染。這麼麻煩的事你也將能每天做到。

這同樣要拜不安所賜。

・如果非常不希望工作被人要求重做

這股不安能化為武器。你會仔細分享背景狀況，一有進展時也會分享情形，還會分享瑣碎到讓人覺得「居然連這種事都報告」的資訊吧。

不過，這些行動能夠培養信用，提高評價。

・擔心電車誤點

很好，如果能注意到這個程度你就是專家了。

對策就是，最遲也要提早2個班次搭上電車。

如果趕在最後一刻行動的話，人就會緊張而增加失誤。

要讓自己總是提早行動喔！

・如果不希望將來丟了飯碗

這是很正常的煩惱。

你可以關心一下，如何透過目前的工作提高「信賴餘額」。

這樣一來，應該就能朝眼前的目標邁進才對。

除此之外，這也能促使你創造數種收入來源，作為回避風險的辦法。有些人除了靠目前的工作獲得收入以外，還會學習投資理財或是摸索副業，這正是將不安化為能量的典型例子。

例子實在多到不勝枚舉，總之，把不安變成盟友就是這麼回事。

無論是考取資格、留學、轉職或是以頂點為目標，做任何事都是如此。

「為了消除不安而挑戰」的情況，比「因為想做才做」的情況還多。

如果你就快被不安壓垮，請別受情緒影響，把這當作風險管理試著改變行動吧！

38

goal achievement

學會解決各種問題

欠缺問題解決力的人都是先思考「方法」

可在負起責任達成目標的過程中鍛鍊出來的能力還有很多。

其中之一就是解決問題的能力。

不擅長解決問題的人，都會先思考「方法」，因此若是想不到方法，往往就會停止思考。

不過，若是擁有問題解決力的人，採取的做法就截然不同了。

他會先思考「該從哪裡下手解決比較好」。

這個做法跟負起責任達成目標的程序毫無二致。所以越努力鍛鍊目標達成力，問題解決力也就跟著越高。

以徵人求才為例。

現在似乎有許多公司在人力不足時，得花費許多力氣招募人手。人資專員就夾在現場與上司之間，聽說有些人因為受不了這股壓力而辭職，此外，我也聽過有店長1天工作20個小時。

之前我從事徵才廣告相關工作20多年，目前則針對人力資源產業的眾多業務員舉辦培訓，傳授可提高徵才成功率的Know-How。

擁有這些經驗的我，在為人力不足而煩惱的負責人身上看出一個問題。

實在有太多人「搞錯解決問題的程序」。我真心這麼認為。

從最終目的反推回去，找出該解決的部分

如同前述，無法解決問題的人都是先思考方法。

如果要找人手，「只能張貼徵人啟事了」、「只能提高時薪了」、「只能更新徵才網頁了」、「在Indeed刊登職缺」……想到的全是手法。

不過，若是具備問題解決力，採取的做法就截然不同。

先從最終目的反推回去，想一想只要解決哪個部分，就可以得到「確實的結果」。換句話說，就是鎖定該解決的「課題」。

將要素分門別類，就會比較容易發現課題。

以徵人求才為例，要素可分成「找誰」（目標）、「待遇」（有什麼吸引力）、「如何找」（媒體、時期等）3大類來整理。

有些時候只要改變「找誰」這個要素，或許就能輕易解決問題。
假設要招募業務員好了。
如果歡迎60歲以上的人從事這份工作，應該就會有人來應徵吧。
當然，雇主還需要提供友善的就業環境，但無論如何終歸能夠得到結果。

接著試試改變「待遇」要素吧！
假設目標是20幾歲的年輕人。這是最難招募的年齡層。
不過，若是改用以下這種廣告文案，結果會如何呢？
「雖然薪水比平均少了3成，但是完全不用加班，而且還週休3日！」
如果採輪班制，就能實現這些待遇。事實上，有8%的公司便是採週休3日（以上）的制度。
我曾以培訓學員（主要為20幾歲的年輕人）為對象進行試銷，結果有大約7成的人（100人當中約有70人）表示，就算薪水會減少仍想要週休3日。

如同上述的例子，即使問題難以用之前的做法解決，只要明確鎖定「課題」，絕大多數的問題都解決得了。

不能先思考方法。應該先鎖定課題，想出數種選項，再從中選出最具效果的方法。

這段流程，就跟達成目標的程序一模一樣。

建議各位在負起責任達成目標的過程中，不妨也確認一下問題解決力是否提升了。

問題解決力可幫助我們在漫長人生中，不怕任何困難努力生存下去，這麼說一點也不為過。

39

goal achievement

任何工作都能變成「娛樂」

只要花點心思，做出成果也能是一種樂趣

工作並非全是快樂的。有時也會感到有壓力，或者遇到合不來的人。因此，有些時候難免忍不住懷疑：

「從事這份工作，自己真的覺得有趣嗎？」

抱著「無論如何都想做這份工作」的念頭進入公司的人，大概不多吧。大部分的人應該都是湊巧，或是因緣際會才會在目前的公司任職。

所以，內心才會產生「這份工作真的有趣嗎？」這種疑問，但其實只要認真去

做這份工作，就不難發現答案。

因為這種事不是靠頭腦理解，而是要用心去體會的。

日本理化學工業的案例就很值得我們參考。這家位在川崎市的粉筆製造商，僱用了許多身心障礙者。

據說總經理當初看到他們的表現時，覺得很不可思議。

開工1個小時前，他們就到公司的門廳等著上班，一旦開始工作就絕對不會停下來。他們的工作表現讓人忍不住想問：「為什麼他們能這麼賣力呢？」

總經理心想：「這些身心障礙者即使不工作，也能在相關機構裡悠閒地生活才對。然而，他們為什麼要工作呢？」

仔細思考之後，他找到了答案。

他發現，人類的終極幸福，總的來說就是以下4種。

《讓人感到幸福的瞬間》

①被人所愛

②被人誇獎

③幫助他人

④被人需要

我也認為確實如此。

因為人類有著「一個人沒辦法變得幸福」這種生物特性吧。

只要努力工作，就能獲得這4種幸福。

撫心自問：自己是否認真積極地做事？

順帶一提，那些「經濟獨立」、不用工作也活得下去的富人當中，也有不少人一直腳踏實地賣力工作，其原因同樣是為了獲得幸福吧。

工作變得有趣的良性循環

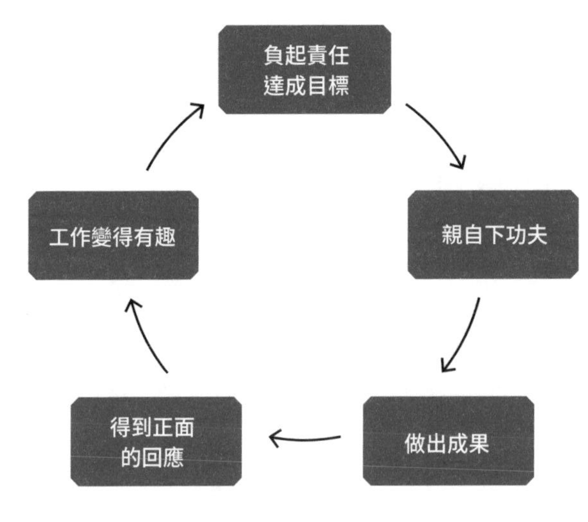

換言之，光是有錢感受不到幸福。人就是為了滿足前述①到④的條件才工作的吧。

可是，就算有工作，假如未能確實做出成果，依然無法達成這4項條件。所以，人們才要賣力地工作。

這樣想便能看見工作樂趣的本質。

「有趣的工作」並非一開始就存在。

只是因為自己承諾會做出成果，為了實現承諾而親自下功夫，做出成果後得到「很棒」、「了不起」、「謝謝」這類回應。

於是，工作就變得越來越有趣了。這才是真正的「樂趣」吧？
如此一想，這就像是一場把工作變得有趣的遊戲。

不過，有些人抱怨沒有適合自己的工作。
也有人因為跟上司處不好而換工作。
可是轉職後，能夠遇到理想職場的機率並不高。
其實，相較於一直尋找「寶物」的人，任何事物都能當成「寶物」的人更能度過幸福的人生。

即便是單調的作業，也可以變得很有趣。
如果你想辭職，最好在遞出辭呈之前，先檢視自己以往是否認真、積極地工作。

40

goal achievement

從「忙碌」中解脫

絕對要在規定的時間下班回家

如今，各個職場紛紛掀起抑制加班的浪潮。

然而業務量並未減少，因此也有人抱怨這個理想太難實現了。

不過，只要有負起責任達成目標的能力，這個問題一樣能迎刃而解吧。這是因為，負起責任達成目標之行為，幾乎等同於時間管理。

・訂出結束工作的時間

・一旦決定了，就一定要在這個時間下班回家
・為了準時下班，果斷取消「不影響結果的作業」

總之，就看你能不能做到以上這些事。

不過，這種時候又分成2條路（反應）。
第1條路是，在能力所及範圍內努力。
第2條路是，**就算要採取「新的做法」，也要讓自己能在規定的時間下班回家。**

這種時候建議你一定要考慮後者。
只要你具備目標達成力就絕對沒問題。

舉例來說，假設團隊經常要開會。
而且團隊成員不能不參加。

但是根據你的假設，就算不開這場會議，也不會影響個人及團隊的成果。既然如此，你需要鼓起勇氣找團隊領導者商量（提議）減少開會的次數。

可增強找出徒勞無益之事的眼力，也能推動組織

就像以下這樣：

「我想跟您商量一件事，請問您方便嗎？」

「當然沒問題。怎麼了？」

「最近工作都做不完，加班時數也變多了。我擔心要是加班時數繼續增加，會影響到客戶服務的品質。所以想跟您商量，召開團隊會議的頻率，能不能從每週3次減少為每週1次左右呢？

當然，我想組長也有自己的考量吧。請問您覺得如何呢？」

先說明清楚狀況，再表達自己的意見，然後藉著商量試探對方的意思。

寫報告書之類的作業也是一樣。

無法憑一己之見取消的職場作業，常是縮減加班時間的瓶頸。這種時候更要鼓起勇氣，找上司商量看看。

不過，個人業務倒是都可以立即改善。

以文件製作為例。

假如事先製作了範本（草稿），之後只要替換文字即可，這麼做便能大幅削減製作時間吧。

如此一來，製作報告書或企劃書時應該能省事許多才對。

電子郵件也一樣，只要事先建立郵件範本，就可以省去從頭輸入文字的時間與勞力。

據說寫1封電子郵件平均要花6分鐘，如果寄10封就得花60分鐘。

事先建立郵件範本的話，說不定就能將60分鐘縮短成10分鐘。光是這樣，1天就可節省大約1個小時的時間。

培養目標達成力，不僅能增強找出徒勞無益之事的眼力，還能培養推動組織的能力，也更能擁有充裕的時間去完成工作。

【作者介紹】

伊庭正康（Masayasu Iba）

1991年進入瑞可利集團，先後於瑞可利FromA、瑞可利擔任B2B業務員，藉由4萬次的業務拜訪經驗克服怕生的致命缺點。在瑞可利的執行部門與管理部門4度榮獲年度全國頂尖員工獎，接受內部表揚超過40次。之後升任業務部經理、FromA Career（股）的代表董事。2011年成立RASISA LAB培訓公司。1年舉辦超過200場活動（業務員培訓、業務主管培訓、教練指導、演講），對象以龍頭企業為主，除此之外也開辦多場以「目標達成力」為主題的培訓講座。推出的實踐性課程頗受好評，學員回流率超過9成。
中文版著作有《沒天分・沒經驗・沒自信　從零開始當主管》（瑞昇）、《減法哲學》（台灣東販）、《不用好口才，也能聰明回話》（方言文化）、《促購力》（一起來出版）等等。相關活動也獲得日本經濟新聞、日經Business、THE21等多家媒體報導與介紹。

KEISANZUKU DE MOKUHYO TASSEI SURU HON by Masayasu Iba

Original Japanese edition published by Subarusya Corporation, Tokyo
This Complex Chinese edition is published by arrangement with Subarusya Corporation, Tokyo in care of Tuttle-Mori Agency, Inc., Tokyo.

頂尖業務員的業績突破術

用「季度制」跨越業績撞牆期，從小業務晉升一流超業

2020年3月1日初版第一刷發行

作　　者　伊庭正康
譯　　者　王美娟
編　　輯　陳映潔
發 行 人　南部裕
發 行 所　台灣東販股份有限公司
　　　　　<地址>台北市南京東路4段130號2F-1
　　　　　<電話>(02)2577-8878
　　　　　<傳真>(02)2577-8896
　　　　　<網址>www.tohan.com.tw
郵撥帳號　1405049-4
法律顧問　蕭雄淋律師
總 經 銷　聯合發行股份有限公司
　　　　　<電話>(02)2917-8022

國家圖書館出版品預行編目資料

頂尖業務員的業績突破術：用「季度制」跨越業績撞牆期，從小業務晉升一流超業／伊庭正康著；王美娟譯. -- 初版. -- 臺北市：臺灣東販, 2020.03
240面；14.7×21公分
ISBN 978-986-511-287-5（平裝）

1.銷售 2.業務管理 3.職場成功法

496.5　　109001351